CAMBRIDGE LIBRARY COLLECTION

Books of enduring scholarly value

Earth Sciences

In the nineteenth century, geology emerged as a distinct academic discipline. It pointed the way towards the theory of evolution, as scientists including Gideon Mantell, Adam Sedgwick, Charles Lyell and Roderick Murchison began to use the evidence of minerals, rock formations and fossils to demonstrate that the earth was older by millions of years than the conventional, Bible-based wisdom had supposed. They argued convincingly that the climate, flora and fauna of the distant past could be deduced from geological evidence. Volcanic activity, the formation of mountains, and the action of glaciers and rivers, tides and ocean currents also became better understood. This series includes landmark publications by pioneers of the modern earth sciences, who advanced the scientific understanding of our planet and the processes by which it is constantly re-shaped.

Fragmens de géologie et de climatologie Asiatiques

Prussian explorer Alexander von Humboldt (1769–1859) was one of the most respected scientists of his day, influencing the work of Darwin. He is considered the founder of physical geography, climatology, ecology and oceanography. In 1829, the Russian government invited Humboldt to visit the gold and platinum mines in the Urals. As he studied the mountains' mineral wealth, he was the first to predict the presence of diamonds. During six months, his epic 10,000-mile expedition took him as far as the Altai Mountains and the Chinese frontier. Humboldt's observations on the geography, volcanic geology and meteorology of Central Asia, being then a largely unexplored territory, were acknowledged as pioneering contributions. The results of his journey also provided much of the data used in part of his great work *Kosmos*. The first volume of this book, published in 1831, deals with the mountain chains and volcanoes of Central Asia.

Cambridge University Press has long been a pioneer in the reissuing of out-of-print titles from its own backlist, producing digital reprints of books that are still sought after by scholars and students but could not be reprinted economically using traditional technology. The Cambridge Library Collection extends this activity to a wider range of books which are still of importance to researchers and professionals, either for the source material they contain, or as landmarks in the history of their academic discipline.

Drawing from the world-renowned collections in the Cambridge University Library and other partner libraries, and guided by the advice of experts in each subject area, Cambridge University Press is using state-of-the-art scanning machines in its own Printing House to capture the content of each book selected for inclusion. The files are processed to give a consistently clear, crisp image, and the books finished to the high quality standard for which the Press is recognised around the world. The latest print-on-demand technology ensures that the books will remain available indefinitely, and that orders for single or multiple copies can quickly be supplied.

The Cambridge Library Collection brings back to life books of enduring scholarly value (including out-of-copyright works originally issued by other publishers) across a wide range of disciplines in the humanities and social sciences and in science and technology.

Fragmens de géologie et de climatologie Asiatiques

VOLUME 1

ALEXANDER VON HUMBOLDT

CAMBRIDGE UNIVERSITY PRESS

Cambridge, New York, Melbourne, Madrid, Cape Town,
Singapore, São Paolo, Delhi, Mexico City

Published in the United States of America by Cambridge University Press, New York

www.cambridge.org
Information on this title: www.cambridge.org/9781108049429

© in this compilation Cambridge University Press 2012

This edition first published 1831
This digitally printed version 2012

ISBN 978-1-108-04942-9 Paperback

FRAGMENS

DE GÉOLOGIE

ET

DE CLIMATOLOGIE

ASIATIQUES,

PAR

A. DE HUMBOLDT

TOME PREMIER.

PARIS,

GIDE, rue S.-Marc, nº 20.
A. PIHAN DELAFOREST, rue des Noyers, nº 37.
DELAUNAY, au Palais-Royal.

1831.

A

L'ACADÉMIE IMPÉRIALE DE SAINT-PÉTERSBOURG,

QUI A ÉTENDU
LE DOMAINE DE L'HISTOIRE NATURELLE DESCRIPTIVE
ET DE LA GÉOGRAPHIE PHYSIQUE
PAR UNE LONGUE SUITE DE VOYAGES
ENTREPRIS SOUS SA DIRECTION;

AUX

MEMBRES DU CORPS IMPÉRIAL DES MINES,

DONT LE CONCOURS ET LA NOBLE HOSPITALITÉ
ONT SECONDÉ NOS TRAVAUX
DANS L'OURAL ET AUX MONTS ALTAÏ;

HOMMAGE DE RESPECT, DE RECONNAISSANCE
ET D'AFFECTION.

C. G. EHRENBERG. A. DE HUMBOLDT. G. ROSE

AVERTISSEMENT
DE L'EDITEUR.

———

Occupé de la rédaction des travaux auxquels il s'est livré pendant son voyage en Sibérie et à la Mer Caspienne, M. de Humboldt a composé récemment plusieurs Mémoires sur des objets importans de Géologie volcanique, de Magnétisme terrestre et de Climatologie. Ces Mémoires ont été lus, en 1830 et 1831, à l'Académie Royale de Berlin et à l'Institut de France. Un seul, portant pour titre : *Considérations sur les Systèmes de Montagnes et les phénomènes volcaniques de l'intérieur de l'Asie*, a été imprimé en allemand. L'auteur de l'élégante traduction des *Tableaux de la Nature* de M. Humboldt, s'est chargé de le faire passer en notre langue. La première moitié du premier volume de l'ouvrage que nous présentons au public

(p. 12 à 162), renferme cette traduction de M. Eyriès; tout le reste a été écrit originairement en francais. M. Klaproth a enrichi le Mémoire sur les Chaînes de Montagnes de notes importantes pour la Géographie physique de l'Asie centrale. Nous avons obtenu, de M. de Humboldt, la permission de publier deux de ses Mémoires, l'un sur le climat de l'Asie, l'autre sur les causes des inflexions des lignes isothermes et sur les lois empiriques qu'on reconnaît dans la distribution de la chaleur sur le globe. Le dernier fait partie d'un ouvrage inédit, qui paraîtra en allemand sous le titre de *Entwurf einer Physischen Welt-beschreibung* (*Essai sur la Physique du Monde*), et dans lequel l'auteur présente à la fois les résultats de l'Astronomie et de la Géographie physiques. C'est cet ouvrage, précédé d'une histoire du développement progressif de nos connaissances sur la liaison et

la dépendance mutuelle de tous les phénomènes physiques , qui a servi de base aux
cours publics que M. de Humboldt a faits à
Berlin en 1827 et 1828. Ce savant nous a
communiqué en outre des notes sur l'or et
les diamans de l'Oural, sur le Magnétisme terrestre , sur la position astronomique des lieux
voisins de l'Altaï et de la Dzoungarie chinoise , sur des Itinéraires à travers la Haute-
Asie, etc.; il a ajouté au Mémoire relatif au Système de Montagnes , une Introduction (p. 1
à 12), dans laquelle il expose des vues géné-
rales sur la nature de l'action volcanique, et
sur la liaison intime des phénomènes dynamiques et chimiques dans lesquels cette action se manifeste à la surface d'une planète.
Tant de matériaux nouveaux, relatifs à la
Géologie, la Physique du Globe et la Géographie de quelques régions peu connues de
l'Asie centrale, donnent, par leur réunion ,

(VIII)

un intérêt varié aux *Fragmens* que nous publions. M. de Humboldt et les deux savans qui l'ont accompagné en Sibérie préparent, sur l'ensemble de leurs travaux, trois ouvrages distincts, réunis sous le titre général de :

VOYAGE A L'OURAL ET AUX MONTAGNES DE KOLYVAN, A LA FRONTIÈRE DE LA DZOUNGARIE CHINOISE ET A LA MER CASPIENNE, FAIT PAR ORDRE DE L'EMPEREUR DE RUSSIE EN 1829, PAR A. DE HUMBOLDT, G. EHRENBERG ET G. ROSE.

Les titres spéciaux de ce Voyage seront:

I. TABLEAU GÉOGNOSTIQUE ET PHYSIQUE DU NORD OUEST DE L'ASIE ; OBSERVATIONS DE MAGNÉTISME TERRESTRE, ET RÉSULTATS DE GÉOGRAPHIE ASTRONOMIQUE, PAR A. DE HUMBOLDT.

II. PARTIE MINÉRALOGIQUE ET GÉOGNOSTIQUE ; RÉSUL-

TATS D'ANALYSES CHIMIQUES , ET ITINÉRAIRE , PAR
M. GUSTAVE ROSE.

III. PARTIE BOTANIQUE ET ZOOLOGIQUE ; OBSERVATIONS
SUR LA DISTRIBUTION DES PLANTES ET DES ANIMAUX
DANS LE NORD OUEST DE L'ASIE, PAR C. G. EHRENBERG.

Le premier ouvrage sera rédigé en français
par M. de Humboldt ; les deux autres paraî-
tront d'abord en allemand. Nous rappellerons
à cette occasion que M. Ehrenberg, qui déja ,
conjointement avec son ami M. Hemprich ,
avait parcouru la Syrie , l'Égypte , la Nubie ,
le Dongola et l'Abyssinie, vient de publier
deux Mémoires très importans ; l'un sur les
grands carnassiers du genre *Félis* du nord de
l'Asie ; l'autre sur la distribution géographique des Infusoires entre la Baltique, la Mer
Caspienne et les rives de l'Obi. M. Rose , qui
a découvert , dans un minérai de Sawodinski,
au pied de l'Altaï , le tellure inconnu jus-

(x)

qu'ici en Asie , va publier incessamment un travail très étendu sur l'analyse chimique de l'or des filons et des terrains d'alluvions auri-fères et platinifères de la vaste chaîne de l'Oural.

MÉMOIRE

SUR LES CHAINES DES MONTAGNES

ET

LES VOLCANS DE L'ASIE INTÉRIEURE,

ET SUR UNE NOUVELLE ÉRUPTION VOLCANIQUE
DANS LA CHAÎNE DES ANDES (1).

Les phénomènes volcaniques n'appartiennent pas, dans l'état actuel de nos connaissances, à la Géognosie seule : considé-
rés dans l'ensemble de leurs rapports, ils
sont un des objets les plus importans de la

(1) Les notes de M. Klaproth sont signées Kl.

1

Physique du globe. Les volcans enflammés
paraissent l'effet d'une communication permanente entre l'intérieur de la terre en fusion et l'atmosphère qui enveloppe la croûte
endurcie et oxidée de notre planète. Des
couches de laves jaillissent comme des sources intermittentes de terres liquéfiées ; leurs
nappes superposées semblent répéter sous
nos yeux, sur une petite échelle, la formation des roches cristallines de différens
âges. Sur la crête des Cordillères du Nouveau-Monde, comme dans le sud de l'Europe et dans l'ouest de l'Asie, se manifeste
une liaison intime entre l'action chimique
des volcans proprement dits, de ceux qui
produisent des roches, parce que leur
forme et leur position, c'est-à-dire, la
moindre élévation de leur sommet ou cratère, et la moindre épaisseur de leurs flancs
(non renforcés par des plateaux) permet-

tent l'issue des matières terreuses en fusion,
avec les salses ou volcans de boue de l'Amérique du Sud, de l'Italie, de la Tauride, et
de la Mer Caspienne, lancant d'abord des
blocs (de grands quartiers de roches), des
flammes et des vapeurs acides; puis, dans
un autre stade plus calme et trop exclusivement décrit, vomissant des argiles boueu-
ses, de la naphte et des gaz irrespirables
(de l'hydrogène mêlé d'acide carbonique
et de l'azote très pur). L'action des volcans
proprement dits manifeste cette même liaison, avec la formation tantôt lente, tantôt
brusque, de bancs de gypse et de sel gemme
anhydre, renfermant du pétrole, de l'hydrogène condensé, du fer sulfuré, et parfois
(au Rio-Huallaga, à l'est des Andes du Pérou) des masses considérables de galène ;
avec l'origine des sources thermales ; avec
l'agroupement des métaux déposés, à di-

verses époques , de bas en haut , dans les filons, dans des amas (*Stockwerke*), et dans la
roche altérée qui avoisine les crevasses mé-
tallifères ; avec les tremblemens de terre ,
dont les effets ne sont pas toujours uniquement dynamiques , mais qui sont accompa-
gnés quelquefois de phénomènes chimiques,
de développemens de gaz irrespirables , de
fumée et de phénomènes lumineux ; enfin ,
avec les soulèvemens instantanés ou très
lents et seulement perceptibles après de longues périodes, de quèlques parties de la surface du globe.

Cette connexion intime entre tant de
phénomènes divers , cette considération
de l'action volcanique comme action de
l'intérieur du globe sur sa croûte extérieure , sur les couches solides qui l'enve-
loppent , a éclairci , dans ces derniers

temps, un grand nombre de problèmes géognostiques et physiques qui avaient paru jusqu'ici insolubles. L'analogie de faits bien observés, l'examen rigoureux des phénomènes qui se passent sous nos yeux dans les différentes régions de la terre, commencent à nous conduire progressivement à deviner (non en précisant toutes les conditions, mais en envisageant l'ensemble du mode d'action) ce qui s'est passé à ces époques reculées qui ont précédé les temps historiques. La *volcanicité*, c'est-à-dire, l'influence qu'exerce l'intérieur d'une planète sur son enveloppe extérieure dans les différens stades de son refroidissement, à cause de l'inégalité d'agrégation (de fluidité et de solidité), dans laquelle se trouvent les matières qui la composent, cette action du dedans en dehors (si je puis m'exprimer ainsi) est au-

jourd'hui très affaiblie, restreinte à un
petit nombre de points, intermittente,
moins souvent déplacée, très simplifiée
dans ses effets chimiques, ne produisant
des roches qu'autour de petites ouvertures
circulaires ou sur des crevasses longitudinales de peu d'étendue, ne manifestant sa
puissance, à de grandes distances, que dy-
namiquement en ébranlant la croûte de
notre planète dans des directions linéaires,
ou dans des étendues (cercles d'oscillations
simultanées) qui restent les mêmes pendant un grand nombre de siècles. Dans les
temps qui ont précédé l'existence de la
race humaine, l'action de l'intérieur du
globe sur la croûte solide qui augmentait
de volume, a dû modifier la température
de l'atmosphère, rendre le globe entier
habitable aux productions, que l'on doit
regarder comme *tropicales*, depuis que,

par l'effet du rayonnement, du refroidissement de la surface, les rapports de position de la terre avec un corps central (le
soleil) ont commencé à déterminer presque
exclusivement la diversité des latitudes
géographiques.

C'est dans ces temps primitifs aussi que
les fluides élastiques, les forces volcaniques de l'intérieur plus puissantes peut-
être, et se faisant jour plus facilement à
travers la croûte oxidée et solidifiée, ont
crevassé cette croûte, et intercalé, non-
seulement par filons (*dykes*), mais par
masses très irrégulières de forme, des matières d'une grande densité (basaltes ferru-
gineux, melaphyres, amas de métaux),
matières qui se sont introduites après que
da solidification et l'aplatissement de la
planète étaient déja déterminés. L'accélé-

ration qu'éprouvent les oscillations du
pendule sur plusieurs points de la terre
offrent souvent, par cette cause géognostique, des apparences trompeuses d'un
aplatissement plus grand que celui qui ré-
sulte d'une combinaison raisonnée des
mesures trigonométriques et de la théorie
des inégalités lunaires. L'époque des grandes révolutions géognostiques a été celle
où les communications entre l'intérieur
fluide de la planète et son atmosphère
étaient plus fréquentes, agissant sur un
plus grand nombre de points, où la ten-
dance à établir ces communications a fait
soulever, à différens âges et dans différentes
actions (vraisemblablement déterminées
par la diversité de ces époques), sur de
longues crevasses, des Cordillères, comme
l'Himâlaya et les Andes, des chaînes de
montagnes d'une moindre élévation, et

ces rides ou arrêtes, dont les ondulations variées embellissent le paysage de nos plaines. C'est comme témoins de ces soulèvemens, et marquant (d'après les vues grandes et ingénieuses de M. Elie de Beaumont) l'âge relatif des montagnes que j'ai vues dans les Andes du Nouveau-Monde, à Cundinamarca, des formations puissantes de grès s'étendre des plaines du Magdalena et du Meta, presque sans interruption, sur les plateaux de quatorze à seize cents toises de hauteur, et récemment encore dans le nord de l'Asie, dans la chaîne de l'Oural, ces mêmes ossemens d'animaux anti-diluviens (si célèbres dans les basses régions de la Kama et de l'Yrtyche) mêlés, sur le dos de la chaîne, dans les plateaux entre Berezovsk et Iekaterinbourg, à des terrains de rapport, riches en or, en diamans et en platine. C'est encore

comme témoin de cette action souterraine
des fluides élastiques qui soulèvent des continens, des dômes et des chaînes de montagnes, qui déplacent les roches et les débris
organiques qu'elles renferment, qui forment
des éminences et des creux lorsque la voûte
s'affaisse, qu'on peut considérer cette
grande dépression de l'ouest de l'Asie, dont
la surface de la Mer Caspienne et du Lac
Aral forme la partie la plus basse (50 et
32 toises au-dessous du niveau de l'Océan);
mais qui s'étend, comme les nouvelles
mesures barométriques faites par MM. *Hof-
mann, Helmersen, Gustave Rose* et moi,
le démontrent, loin dans l'intérieur des
terres, jusqu'à Saratov et Orenbourg sur
le Iaïk, vraisemblablement aussi au sud-
est, jusqu'au cours inférieur du Sihoun
(Iaxartes) et de l'Amou (Djihoun, Oxus
des anciens). Cette dépression d'une por-

tion considérable de l'Asie, cet abaissement d'une masse continentale de plus de
trois cents pieds au-dessous de la surface
des eaux de l'Océan, dans leur état moyen
d'équilibre, n'a pu être considéré jusqu'ici
dans toute son importance, parce qu'on
ignorait l'étendue du phénomène de dépression dont quelques parties des contrées
littorales de l'Europe et de l'Egypte n'offrent que de faibles traces. La formation
de ce creux, de cette grande concavité de
la surface dans le N.-O. de l'Asie, me paraît être en rapport intime avec le soulèvement des montagnes du Caucase, de
l'Hindou-kho et du plateau de la Perse,
qui bordent la Mer Caspienne et le Mave-
ralnahar au sud; peut-être aussi plus à
l'est, avec le soulèvement du grand massif
que l'on désigne par le nom bien vague et
bien incorrect de plateau de l'Asie centrale.

Cette concavité de l'ancien monde est un *pays-cratère*, comme le sont, sur la surface lunaire, Hipparque, Archimède et Ptolémée, qui ont plus de trente lieues de diamètre, et qu'on peut plutôt comparer à la Bohême qu'à nos cônes et cratères des volcans.

Durant le voyage que je fis dans l'été de 1829 avec mes savans amis, MM. Ehrenberg et Gustave Rose, dans l'Asie septentrionale jusqu'au-delà de l'Ob, je passai à peu près sept semaines sur les frontières de la Dzoungarie chinoise, entre les forts d'Oustkamenogorsk et de Boukhtarminsk et Khoni-maïlakhou (1), avant-poste chinois, au nord du lac Dzaïsang; sur la ligne

_____

(1) En kirghiz, on nomme *Koch-touba*, cet avant-poste des Chinois sur l'Irtyche.

(13)

des Cosaques du step des Kirghiz (1) , et
sur les côtes de la Mer Caspienne. Dans les
entrepôts importans de Semipolatinsk, Petropavlovsk , Troïtzkaïa , Orenbourg et
Astrakhan, je me suis efforcé d'obtenir des
Tatares qui voyagent tant (et par Tatares
j'entends ici , comme les Russes , non des
Mongols, mais des hommes de la grande fa-
mille turque), des Boukhars et des Tachkendis, des informations sur les contrées de l'Asie
intérieure voisines de leur pays. Les voyages
à Thourfan (Tourfan), Aksou , Khotan ,
Ierkend et Kachemir (2) ont très rarement

---

(1) Proprement le step des Khazak ou Kaïzak.

(2) Je possède plusieurs itinéraires à ces différens
lieux. On les trouvera à la fin de ce volume ;
ils feront une addition importante au petit nombre
de ceux qui ont été publiés , par MM. Volkov et

lieu : mais Kachghar, le pays situé entre
l'Altaï et la pente septentrionale des Monts
Célestes (*Thian-chan*, *Moussour* ou *Bokda
oola*), où se trouvent Tchougoutchak (1),

Senkovski, dans le *Journal asiatique*, et par M. de
Meyendorff, dans son voyage *d'Orenbourg à Bokhara*.

(1) *Tchougoutchak* ou *Tchougoutchou*, et dans les
écrits officiels des Chinois *Tarbakhataï*, porte chez les
Kirghiz du voisinage le nom de *Tach-tava* (passage de
Pierre). C'est un poste de frontière établi par les Chinois en 1767, sous le nom de *Soui tsing tching*. Cette
ville a des remparts en terre; les autorités et les inspec-
teurs de la frontière y résident. La garnison se compose
d'un commandant, d'officiers supérieurs, de 1000
soldats chinois et d'un colonel, et de 1500 Mandchoux et Mongols. Les Chinois y restent constamment en garnison; ils forment une colonie militaire,
et sont tenus à cultiver la terre pour se procurer les
grains nécessaires à leur subsistance. Les Mandchoux

Korgos, et Gouldja ou Koura , à cinq
verst des rives de l'Ili ; le khanat de Khokand, Boukhara, Tachkend, et Chersavès
(Chèhr-Sebz) au sud de Samarkand, sont
visités fréquemment. A Orenbourg où arrivent annuellement des caravanes de plusieurs milliers de chameaux, et où la cour
destinée aux échanges réunit les nations les
plus différentes, un homme instruit, M. de
Gens, directeur de l'école asiatique et de la
commission du contentieux des frontières
avec les Kirghiz de la Petite horde, a réuni depuis vingt ans, avec autant de zèle que de dis-
cernement, une masse de matériaux importans sur la géographie de l'Asie intérieure.
Parmi les nombreux itinéraires que M. de

---

et les Mongols y sont envoyés d'Ili et remplacés tous
les ans.   Kl.

Gens m'a communiqués, j'ai trouvé la remarque suivante : « En allant de Semipolatinsk à Ierkend, quand nous fûmes arrivés
au lac Ala-koul (1) ou Ala-dinghiz un peu au

_____

(1) Le mot *Ala-koul* ou mieux *Alak-koul* signifie
en kirghiz *le Lac bigarré* ; les Kalmuks du voisinage
donnent à sa partie orientale, qui est la plus grande,
le nom d'*Alak-tougoul noor* ou le lac du taureau bigarré, car *tougoul* désigne un veau ou un taureau ;
une montagne qui sort du lac, sépare cette partie de
l'occidentale, qui est petite et porte le nom kalmuk de
Chibartou kholaï, ou de Golfe Boueux. Autrefois ce
lac était aussi connu sous le nom de *Gourghé-noor*,
c'est-à-dire *Lac du Pont*. Je l'ai trouvé, pour la
première fois, indiqué sur la Carte du Pays du
Contaïcha (Khoung-taidzi des Kalmuks Dzoûngars)
faite par le capitaine d'artillerie *Ivan Ounkovski*, en
1722 et 23, d'après les informations reçues par le
Grand Contaïcha et par d'autres Kalmuks et Cosaques. Ce lac y est bien placé au sud du mont Tar-

nord-est du grand lac Balkachi (1), qui re-

bagataï ; il est nommé *Alak tougoul*, et reçoit les rivières Kara-gol, Ourer (?) et Imil ; on y voit aussi
indiquées les sources chaudes qui sont à l'est. C'est
par erreur que nos cartes font de ce lac deux lacs
réunis par un ou plusieurs canaux.   **Kl.**

(1) D'Anville nomme *Palcati-nor* ce lac auquel la
carte de Pansner donne une longueur d'un degré et
trois quarts. Sur les bords de l'Irtyche, je l'ai entendu nommer *Tenghiz*, par les marchands asiatiques ; c'était par signe de prééminence, car, chez
les tribus qui parlent le turc, *tenghiz* ou *denghiz*,
veut dire en général mer : ainsi, Ak-tenghiz (mer
blanche.) *Voyage à Astrakhan*, du comte Jean Potocki. — 1829, t. I, p. 240 ; Tenghìz, la Mer Caspienne qui reçoit le Volga. Klaproth, *Mémoires relatifs à l'Asie*, t. I, p. 108 : Ala-tenghiz (mer ba-
riolée.)

(*Balkachi-noor* signifie en kalmuk le *lac étendu*.
Kl.)

2

çoit les eaux de l'*Ilè* (Ili), nous vîmes une
très haute montagne qui a autrefois vomi
du feu. Présentement encore , ce mont qui
s'élève dans le lac comme une petite île,
occasione des tempêtes violentes qui in-
commodent les caravanes : c'est pourquoi
on sacrifie en passant quelques moutons à
cet ancien volcan. »

Ce renseignement , recueilli de la bou-
che d'un Tatare qui voyageait au commencement de ce siècle , peut-être de celle de
Seyfoulla Seyfoullin , qui , depuis le mois
de décembre 1829 , est de retour à Semipolatinsk , et a été plusieurs fois à Kachghar et à Ierkend , excita chez moi un intérêt d'autant plus vif , qu'il me rappela les
volcans brûlans de l'Asie intérieure , que
nous connaissons par les recherches savantes que MM. Abel Rémusat et Klaproth

ont faites dans les livres chinois, et dont la position, à une grande distance de la mer, causa tant d'étonnement. Peu de temps avant mon départ de Saint-Pétersbourg, je reçus, grace à l'extrême complaisance de M. de Klosterman, directeur impérial de police à Semipolatinsk, les informations suivantes qu'il tenait des Boukhars et des Tachkendis.

« La route de Semipolatinsk à Kouldja (Gouldja) est de vingt-cinq journées; on passe par les monts Alachan et Kondegatay, dans le step des Kirghiz de la horde moyenne, les bords du lac Savandé-koul, les monts Tarbagataï dans la Dzoungarie et la rivière Emyl; quand on l'a traversée, le chemin se réunit à celui qui conduit de Tchougoutchak à la province d'Ili. Des rives de l'Emyl au lac Ala-koul, on par-

court 60 verst. Les Tatares estiment que
ce lac est éloigné de Semipolatinsk de
455 verst (1). Il est à la droite de la route;
son étendue est de 100 verst de l'est à
l'ouest. Au milieu de ce lac s'élève une
montagne très haute, nommée *Aral-toubé*.
De là jusqu'au poste chinois placé entre le
petit lac Ianalache-koul et la rivière Ba-
ratara (2), sur les bords de laquelle de-
meurent des Kalmuks, on compte 55 verst. »

(1) 104 $\frac{3}{4}$ verst correspondent à un degré de
latitude.

(2) Cette rivière s'appelle *Boro tala gol*, ou la
rivière de la plaine grise; elle ne coule pas de l'est
à l'ouest et ne se jette pas dans l'Alak tougoul noor,
comme l'indique la carte de M. Pansner; elle se
dirige au contraire de l'ouest à l'est, et a son embouchure dans le *Khaltar ousike noor*, appelé aussi
Boulkhatsi-noor.   KL.

En comparant l'itinéraire d'Orenbourg avec celui de Semipolatinsk, il ne reste aucun doute que la montagne qui, selon la tradition des indigènes, par conséquent dans les temps historiques, a vomi du feu, ne soit l'île conique d'Aral-toubé(1). Le point le plus important dans ces informations,

---

(1) Ce nom signifie, dans le dialecte turc-kirghiz, cime insulaire, et dérive de *toubé*, cime, et d'*aral*, île. En mongol, on dirait *Aral-dobo*. C'est ainsi qu'en mongol-kalmuk, *Aral-noor* signifie le lac des îles, et que le groupe d'îles du Volga près d'Ienotaïevsk, s'appelle *Taboun-aral*, les cinq îles. Dans le dialecte khalkha-mongol, au lieu d'*oola*, qui est le mot mongol pur, on emploie *dybe*, qui ressemble au *tubè* des Turcs, pour signifier montagne, colline. On peut consulter à ce sujet le vocabulaire kirghiz et mongol, inséré par M. Klaproth, dans ses *Mémoires relatifs à l'Asie*, t. III, p. 350.

concernant la position géographique de
l'île de forme conique et sa situation relativement à des volcans découverts par
MM. Klaproth et Abel Rémusat, non dans
des relations de voyages, mais dans des
ouvrages chinois très anciens , comme
existant encore dans l'intérieur de l'Asie ,
au nord et au sud du mont Thian-chan ,
il ne sera pas hors de propos de présenter
ici quelques développemens sur la géographie de cette région. Ils me semblent d'autant plus nécessaires, que les cartes qui
ont paru jusqu'à présent représentent encore d'une manière incomplète la position
relative des chaînes de montagne et des lacs

---

355 ; l'*Asia polyglotta*, du même auteur, p. 276 ; et
l'atlas , p. XXX ; les *Voyages* du comte J. Potocki ,
t. I, p. 33.

dans la Dzoungarie et le pays des Ouïgours de Bich-balik, entre le Tarbagataï, les rives de l'Ili, et le grand Thian-chan au nord d'Aksou. En attendant la publication de l'excellente carte de l'Asie centrale de M . Klaproth, qui servira de continuation et de complément à l'Atlas de d'Anville, je conseille de jeter les yeux, non sur celles d'Arrowsmith, très fautives pour les systè-mes de montagnes, mais sur celle gravée par Berthe (1829), de Brué et surtout sur celles de l'*Asia polyglotta*, et des *Ta-bleaux historiques* de l'*Asie* de M. Kla-proth, quoiqu'elles soient à petits points; et principalement sur une petite carte inti-tulée *Asie centrale*, dans les *Mémoires re-latifs à l'Asie*, du même auteur. T. II, p. 362.

La partie moyenne et intérieure de l'Asie

qui ne forme ni un immense nœud de montagnes ni un plateau continu, est coupée de
l'est à l'ouest par quatre grands systèmes
de montagnes qui ont influé manifestement
sur les mouvemens des peuples; ce sont :
l'Altaï qui à l'ouest se termine par les monts
des Kirghiz; le Thian-chan, le Kuen-lun
et la chaîne de l'Himâlaya. Entre l'Altaï et
le Thian-chan on trouve la Dzoungarie et
le bassin de l'Ili; entre le Thian-chan et le
Kuen-lun, la petite ou plutôt haute Boukharie, ou Kachghar, Ierkend, Khotan (ou
Yu-thian), le grand désert (Gobi ou Chamo) le Thourfan, Khamil (Hami) et le
Tangout, c'est-à-dire le Tangout septentrional des Chinois, qu'il ne faut pas confondre, comme les Mongols, avec le Tubet ou le Si-fan : enfin, entre le Kuen-lun
et l'Himâlaya, le Tubet oriental et occidental où sont H'lassa et Ladak. Si l'on

veut indiquer simplement les trois plateaux
situés entre l'Altaï, le Thian-chan, le Kuen-
lun et l'Himâlaya par la position de trois
lacs alpins, on peut choisir à cet effet ceux
de Balkachi, Lop et Tengri (Terkiri nor
de d'Anville) ; ils correspondent aux plateaux de la Dzoungarie, du Tangout et du
Tubet.

I. SYSTÈME DE L'ALTAÏ.

Il entoure les sources de l'Irtyche et
du Ieniseï ou Kem : à l'est, il prend le
nom de Tangnou; celui de monts Saya-
niens entre les lacs Kossogol (Kousou-
koul) et Baïkal; plus loin celui de haut
Kentaï et de monts de Daourie ; enfin
au nord-est, il se rattache au Iablonnoï-
khrebet (chaîne des Pommes), au Khingkhan et aux monts Aldan, qui s'avancent

le long de la mer d'Okhotsk. La latitude
moyenne de son prolongement de l'est à
l'ouest, est entre 50 et 51° 30′. Nous aurons
bientôt sur la géographie de la partie nord-
est de ce système, entre le Baïkal, Ya-
koutsk et Okhotsk, des notions satisfaisan-
tes que nous devrons au talent et au zèle de
M. le docteur *Erman*, qui a récemment
parcouru ces contrées. L'Altaï, proprement
dit, occupe à peine un espace de sept degrés de longitude, mais nous donnons à la
partie la plus septentrionale des montagnes
entourant la grande masse des terres hautes de l'Asie intérieure, et occupant l'espace compris entre les 48 et 51°, le nom de
Système de l'Altaï (1), parce que les noms
simples se gravent plus aisément dans la

---

(1) Voyez la description des *Monts Altaï*, traduite
du chinois, à la fin de ce Mémoire.   KL.

mémoire, et que celui d'Altaï est le plus connu des Européens, par la grande richesse métallique de ces monts qui, maintenant, produisent annuellement 70,000 marcs d'argent et 1,900 marcs d'or. L'Altaï, en turc, et en mongol le mont d'Or (*Alta-iün oola* (1)), n'est pas une chaîne de montagnes formant la limite d'un pays comme celles de l'Himâlaya, qui bornent le plateau du Tubet, et par conséquent ne s'abaissent brusquement que du côté·de l'Inde , contrée plus basse que l'autre. Les plaines voisines du lac Dzaïsang, et surtout les steps voisins du lac Balkachi, ne sont certainement pas élevées plus de 3oo toises au-dessus du niveau de la mer.

---

(1) Avec la forme du génitif, qui en mongol est *iün*. Klaproth , *Mémoires relatifs à l'Asie*, t. II , p. 582.

J'évite à dessein, dans cet exposé, con-
formément aux renseignemens que j'ai recueillis dans l'ouest et le sud de l'Altaï, et
dans la ville de Zmeïnogorsk, à Ridderski
et à Zyrianovski, d'employer le nom de
petit Altaï, si, par cette dénomination
(suivant en cela l'usage des géographes, et
nullement celui des Asiatiques et des Russes
habitant ces régions), on désigne la puissante masse de montagnes située entre le
cours du Narym, les sources de la Boukhtorma, de la Tchouia, le lac Teletskoï, la
Bia, le mont aux Serpens et l'Irtyche au-
dessus d'Oust-kamenogorsk; par conséquent le territoire de la Sibérie russe, entre
les 79 et 86° de longitude à l'est de Paris, et entre les parallèles des 49° 30′, et
52° 30′ (1); ce petit Altaï à l'extrémité du-

_____

(1) Lebedours, *Reise*, t. I, p. 271, et t. II, p. 114,

quel, dans ce qu'on appelle le promontoire
de Kolyvano-Voskressensk, se montrent du
granit, du porphyre, des roches trachytiques et des métaux nobles, est probablement, par son étendue et par sa hauteur
absolue, beaucoup plus considérable que
le grand Altaï, dont la position et l'existence, comme chaîne de montagnes neigeuses, sont également à peu près problé-
matiques. Arrowsmith et plusieurs géographes modernes qui ont suivi le type qu'il a
choisi arbitrairement, nomment Grand-Altaï une continuation imaginaire du Thian-
chan qui se prolonge à l'est de Khamil
(Hami), pays célèbre par ses vignes, et
de Bar-koul(1), ville mandchoue, et file au
nord-est vers les sources orientales du Ieniseï et le mont Tangnou. La direction de

_____

(1) Nommé à présent en chinois Tchin si fou.

la ligne de séparation des eaux entre les
affluens de l'Orkhon et ceux de l'IEKE Aral-
noor, lac du step (1), enfin la malheu-
reuse habitude de marquer de hautes chaînes partout où des systèmes d'eau se séparent, ont causé cette erreur. Si l'on veut
conserver sur nos cartes le nom de Grand-
Altaï, il faut le donner à la suite de hautes
montagnes rangées dans une direction absolument opposée (2), ou du nord-ouest

(1) A Gobdo-khoto et près du temple bouddhique
de Tchoung ngan szu, dans le pays des Kalkas.

(2) Parallèlement à la chaîne du *Khangaï* *, qui
passe entre le Ieke - Aral - noor dans la partie occidentale du pays des Kalkas, et les monts Tangnou,
toujours couverts de neige, et se dirige au sud-est
vers l'ancienne ville mongole de Khara khoroum.
(Klaproth, *Asia polyglotta*, p. 146.)

* Le mont *Khanggaï oola* est au nord de la source de

au sud-est, entre la rive droite de l'Irtyche
supérieur, et le Ieke-Aral-noor, ou Lac
de la grande Ile, près de Gobdo-khoto.

C'est là, par conséquent, au sud du
Narym et de la Boukhtorma, qui bor-

---

l'Orkhon, à 2000 li droit au nord de la ville de Ning hia du
Chen si, et à 500 au nord-ouest de l'Oungghin mouren. Ses
sommets sont très hauts et considérables. Cette chaîne est un
embranchement de l'Altaï, qui vient du nord-ouest; elle
s'étend à l'orient sur les rivières Orkhon et Toula avec
leurs affluens, et devient le *Kenté-oola* du Khingggan.

Une branche de cette chaîne s'en sépare à l'ouest et se
dirige au nord sous le nom de *Koukou dabahn*, elle entoure le Selengga supérieur et tous ses affluens qui y prennent
leur origine, puis se prolonge sur une distance de 1000 li,
dans le territoire russe.

L'Orkhon, le Tamir et leurs affluens ont également leurs
sources dans cette chaîne, qui est probablement la même
que les anciens Chinois désignaient sous le nom de *Yan
jen chan*.   Kl.

nent ce qu'on nomme le Petit-Altaï russe,
qu'est la demeure primitive des tribus tur-
ques ; le lieu où *Dizaboul*, grand-khan
des Thou-khiu, à la fin du sixième siècle, reçut un ambassadeur de l'empereur de Constantinople (1). Ce mont
d'Or (2) des Turcs, Kin-chan des Chi-

---

(1) Klaproth, *Tableaux Historiques de l'Asie*,
p. 117; *Mémoires relatifs à l'Asie*, t. II, p. 388.

(2) On ne sait pas encore positivement si le nom
de *Mont-d'Or*, donné dans l'ancien turc et en chinois à l'Altaï au sud des rives du Narym, et de la
frontière russe actuelle, doit son origine aux tombeaux contenant de l'or, que les Kalmuks trouvent
encore dans les vallées dont les eaux vont grossir
l'Irtyche supérieur, ou, si l'abondance de l'or de la
partie septentrionale de ce qu'on appelle le petit
Altaï à son extrémité sud-ouest entre Zyrianovski
et le mont aux Serpens, abondance d'or qui était

nois , nom qui a la même signification ,
portait jadis aussi ceux d'Ek-tagh et Ektel ,

---

surtout considérable dans les portions supérieures
des filons d'argent , a valu , à ce qu'on nomme le
grand Altaï , sa renommée d'être riche en or. La
connexion des deux masses de montagnes ne pou-
vait échapper même aux peuples les plus grossiers.
Le petit Altaï traverse l'Irtyche à Oust-Kamenogorsk. Cette riviere sur laquelle nous avons navigué,
remplit , pour ainsi dire, une immense fissure (un
filon ouvert) entre des montagnes, et entre Boukhtarminsk et Oust-Kamenogorsk. C'est dans cette
vallée longitudinale extrêmement étroite que nous
avons trouvé le granit répandu sur le schiste argileux. Les indigènes ont raconté au docteur Meyer
que dans le sud-est , les monts Narym tiennent au
grand Altaï par le Kourtchoum, le Dolon -kara et
le Sara-tau. Au milieu du mois d'août, étant à
Krasnoïarskoï , avant-poste de Cosaques, occupé à
prendre les azimuths des montagnes environnantes,
j'aperçus distinctement au sud-est , entre les som-

qui probablement ont tous deux un sens analogue. On dit que plus au sud, sous les 46° de latitude, presque sous le méridien de Pidjan et de Tourfan, une haute cime est encore nommée en mongol *Alta-iïn-niro* (sommet de l'Altaï). Si à quelques degrés plus au sud, ce grand Altaï se réunit aux monts Naïman-oola, nous trouvons là un dos transversal qui, filant du nord-ouest au sud-est, joint l'Altaï russe au Thian-chan au nord de Bar-koul et de Hami. Ce n'est pas ici le lieu de développer comment le système de la direction du nord-ouest, si généralement répandu dans notre hémisphère, se montre dans les couches des ro-

---

mets jumeaux de Tsouloutchoko, le Tagtan, couvert de neiges perpétuelles dans la Mongolie chinoise, par conséquent dans la direction du grand Altaï.

ches (1), dans la ligne des Alpes d'Alghinsk
du step élevé de la Tchouïa, de la chaîne de
l'Iyiktou qui est le point culminant (2) de

---

(1) Lebedour, Meyer et Bunge. *Voyage dans les
monts Altaï*, t. I , p. 422. Cette relation est très intéressante.

(2) Ce point, dont nous devons la connaissance
aux excursions hardies de M. Bunge dans les monts
Altaï, est vraisemblablement plus haut que le pic
Nethou (1787 toises), la cime la plus élevée des
Pyrénées. Un des sommets de l'Altaï, l'Iyiktou
(mont de Dieu), ou Alas-tau (mont chauve en kalmuk), est situé sur la rive gauche de la Tchouïa et
séparé par l'Argout des colonnes gigantesques de
la Katounia. La plus haute station de l'Altaï russe,
mesurée au baromètre, mais non encore calculée
d'après des observations correspondantes, est, jusqu'à présent, une source qui se trouve dans le petit
mont Koksoun, à 1615 toises au-dessus du niveau
de la mer.

l'Altaï russe, et dans les fentes des vallées
étroites où coulent le Tchoulychman, la
Tchouïa, la Katounia et le Tcharyche
supérieur; enfin dans tout le cours de l'Irtyche de Krasnoiarskoï (Krasnaia Iarki) à
Tobolsk.

Entre les méridiens d'Oust - Kameno-
gorsk et de Semipolatinsk, le système des
monts Altaï se prolonge de l'est à l'ouest
sous les parallèles de 59 et 50 degrés, par
une chaîne de coteaux et de montagnes
basses, sur une étendue de 160 lieues géographiques (1), jusque dans le step des
Kirghiz. Ce prolongement très peu important par sa largeur et son élévation, offre
un grand intérêt à la géognosie. Il n'existe

_____

(1) De 15 au degré cette mesure . est employée
dans tout le mémoire.

pas une chaîne de monts Kirghiz continue
qui, ainsi que le représentent les cartes,
sous les noms d'*Alghidin tsano* (1) ou *Al-*

---

(1) La chaîne des hauteurs appelée par les Russes
Alghinskoe khrebet, *Ayaghinskoe khrebet* porte
chez les Kirghiz le nom de *Dalaï kamtchat*. Elle
commence au nord du lac *Naourloun-koul*, contient sur son versant septentrional les sources du
Kinkoul et du *Baganak sec*, qui sont des affluens
de la gauche de l'*Ichim*, et finit à l'est aux
sources du *Kairakly* et du *Kara sou* de l'Ichim. Les
rivières qui forment le *Petit-Tourgai* et le *Kara-
Tourgai*, prennent leur origine sur le versant méridional de cette chaîne. Cette dernière est une
partie du prolongement des montagnes de la Dzoûn-
garie, et lie celles-ci à l'Oural. C'est une chaîne à
filons, entrecoupée en plusieurs endroits de vastes
plateaux inclinés ; elle ne montre nulle part des in-
dices de grandes révolutions terrestres, et elle est
partout habitable. Cependant le dos appelé *Eremen*,

ghydin chamo , unisse l'Oural et l'Altaï.
Des collines isolées hautes de cinq à six
cents pieds , des groupes de petites montagnes qui , comme le Semi-tau près de Semipolatinsk , s'élèvent brusquement à mille
ou douze cents pieds au-dessus des plaines,
trompent le voyageur qui n'est pas accou-

à la source de l'Ichim , et le *Bogouli tanga tau*, sont
très élevés et montrent des précipices escarpés.
Cette chaîne est encore plus aplatie aux sources du
Tobol ; elle y ressemble à un haut plateau ondulé,
et porte le nom d'*Oulou tau* (la grande montagne).

Dans le voisinage du lac *Naour loun-koul* ses pro-
montoires forment des plaines peu inclinées et argileuses, couvertes de fragmens de schiste calcaire,
de grès, de gypse, d'albâtre et d'argile durcie. La
montagne même y est assez élevée et couverte à
quelques endroits de forêts. (*Extrait du Voyage de*
Bardanes dans la Step des Kirghiz.)   K**l.**

tumé à mesurer les inégalités du terrain ;
mais il n'est pas moins remarquable que
ces groupes de collines et de petites montagnes ont été soulevées à travers une fissure qui forme la ligne de partage d'eaux
entre les affluens du Sara-sou, ou au sud dans
le step, et ceux de l'Irtyche au nord (1),
fissure qui jusqu'au méridien de Sverino-
golovskoï, suit constamment la même direction dans une étendue de 16 degrés de
longitude : c'est de cette fissure que sont

---

(1) A proprement parler, seulement un petit
nombre de rivières, telles que la Tchaganka, le
Toundouk et l'Ichim, arrivent à l'Irtyche ; les
autres cours d'eau, par exemple, l'Oulenta et la
Grande-Noura, qui se dirigent au nord, se perdent
dans les lacs du step; et le Tchoui, et le Sara-sou,
qui coulent au sud, ne parviennent pas au Sihoun
ou Syr daria.

sortis les mêmes granits disposés en couche
qui ne sont pas mêlés de gneïs , et ne font
pas même passage à cette roche, les mêmes
schistes argileux et traumatiques (*grau-
wacke*) , en contact avec des diabases ,
renfermant des pyroxènes de porphyre ,
et des couches de jaspe , des roches cal-
caires compactes de transition et devenues
grenues ; enfin , une partie de ces mêmes
substances métalliques que l'on trouve
dans le Petit - Altaï , duquel part cette
fissure.

Je me bornerai à nommer parmi ces
métaux , à un demi degré à l'est du méridien d'Omsk , 1° la galene tenant argent
du Kourgan-tagh , la malachite et le minérai de cuivre rouge, avec de la dioptase
(*achirite*) de l'Altyn-toubé (colline d'Or),
montagne du step ; 2° à l'ouest du méridien
de Pétropavlovsk , mais sous le même

parallèle (1) que l'Altyn-toubé, le minérai
de plomb tenant argent, des sources du
Kara Tourgaï, ou plus exactement du
Kantcha Boulgané Tourgaï qui, en 1814,
fut le but d'une expédition commandée
par M. Theofilatiev, lieutenant-colonel,

---

(1) Les cartes manuscrites dont je dois la communication à l'obligeance de M. de Speranski, ancien gouverneur général de la Sibérie, placent sous
les 49° 10′ de latitude, Karkarali, nouvel établis-
sement russe, à l'est de cette montagne métallique.
La dioptase, qui rend ce canton célèbre et qui a été
également découverte sur le versant occidental de
l'Oural, a reçu le nom d'*achirite*, sous lequel on
la désigne en Russie, non d'un cosaque, mais
d'Achirka, natif de Tachkend. C'est à M. le docteur Meyer que nous sommes redevables des pre-
mières recherches géognostiques, faites dans le
step des Kirghiz entre Semipolatinsk, Karkarali et
l'Altyn-toubé.

et de M. de Gens, officier du génie (1). On
reconnaît dans la ligne du partage des

---

(1) Ces officiers avaient avec eux M. Menchenin,
ingénieur des mines, aujourd'hui administrateur
supérieur des usines, et que le gouvernement avait
chargé de nous accompagner à l'Altaï et à l'Oural.
Le canton où est cette mine de plomb, a été également
ment examiné par les expéditions de Nabokov et de
Changhin, en 1816, d'Artioukhov et de Tafaïev,
en 1821. Ce dernier, aujourd'hui capitaine au
corps des ingénieurs à Orenbourg, a observé avec
le sextant une suite de hauteurs circumméridiennes
du soleil, près de la mine de plomb (49° 12); je
les publierai lorsqu'elles auront été calculées de
nouveau. C'est, jusqu'à présent, le seul point de
tout le step des Kirghiz, entre l'Irtyche, la ligne
des Cosaques du Tobol et le parallèle de l'embouchure du Sihoun, sur une surface de 24,000 lieues
géographiques carrées, égale par conséquent à deux
fois celle de l'Allemagne, qui ait été déterminé
par des procédés astronomiques.

eaux entre l'Altaï et l'Oural , sous 49 et 50
degrés de latitude, un effort de la nature,
une sorte d'essai des forces souterraines
pour exhausser une chaîne de montagnes , et ce fait rappelle vivement les lignes d'exhaussemens , seuils, arètes de
partage , lignes de faîtes que j'ai indiquées dans le nouveau continent, et qui
joignent les Andes avec la Sierra de Pa-
rime et les montagnes du Brésil, et qui,
sous les 2° jusqu'aux 3° de latitude nord,
et sous les 16° jusqu'aux 18° de latitude
sud , traversent les steps ou llanos de ces
régions (1).

Mais la rangée non continue de mon-

_____

(1) *Tableaux géognostiques de l'Amérique méridio-*
nale , dans le t. III de mon *Voyage aux Régions*
équinoxiales , p. 190 , 240 , édition in-4°.

tagnes basses et de collines de roches cristallisées par lesquelles le système de l'Altaï
se prolonge à l'ouest, n'atteint pas l'extrémité méridionale de l'Oural, chaîne qui,
de même que celle des Andes, offre un
long mur qui va du nord au sud avec des
mines métalliques sur son versant oriental;
elle se termine brusquement sous le méridien de Sverinogovloskoï, où les géographes ont l'habitude de placer les monts
Alghiniques, dont le nom est entièrement
inconnu des Kirghiz de Troïtsk et d'Orenbourg.

Là commence une région remarquable
de lacs, et l'interruption des hauteurs continue jusqu'au méridien de Miask, où l'Oural méridional envoie la chaîne de Mou-
ghodjar, à l'est dans la plaine des Kirghiz,
sous les 49° de lat., la masse de collines

nommée Boukanbli-tau (1). Cette région
de petits lacs comprenant le groupe du
Balek-koul (51° 3o′ lat.), et celui du Koum-
koul (49° 45′ lat.) indique, d'après l'idée
ingénieuse de M. de Gens, une ancienne
communication d'une masse d'eau avec le
lac Ak-sakal, qui reçoit le Tourgaï, et le
Kamichloï Irghiz, ainsi qu'avec le lac Aral.
C'est comme un sillon que l'on peut suivre
au nord-est, au-delà d'Omsk, entre l'Ichim
et l'Irtyche, à travers le step de Baraba,
où les lacs sont si nombreux (2), puis au
nord au-delà de l'Ob à Sourgout, à travers
le pays des Ostiaks de Berezov, jusqu'aux

---

(1) Cartes manuscrites des deux expéditions du
colonel Berg, de 1823 à 1825, au step des Kirghiz
et à la rive orientale du lac Aral ; au dépôt de l'état-
major général impérial.

(2) Entre Tara et Kaïnsk.

côtes marécageuses de la mer Glaciale. Les
anciennes traditions que les Chinois con-
servent d'un grand *lac amer* dans l'intérieur de la Sibérie, lac que traversait le
cours du Ieniseï, se rapportent peut-être
au reste de cet antique épanchement du
lac Aral et de la mer Caspienne au nord-
est. Le dessèchement du step de Baraba,
que j'ai vu en allant de Tobolsk à Bar-
naoul, augmente constamment par la culture; et l'opinion que M. Klaproth a énoncée relativement à la mer amère des
Chinois (1), est de plus en plus confirmée
par les observations géognostiques faites
sur les lieux. Comme s'ils eussent été assez
heureux pour deviner l'ancien état de la
surface de notre globe, lorsque les cours

---

(1) *Asia polyglotta*, p. 232. *Tableaux historiques
de l'Asie*, p. 175.

d'eau et l'évaporation ne présentaient pas
les mêmes phénomènes qu'aujourd'hui, les
chinois (1) nomment la plaine salée qui
entoure l'oasis de Hami, au sud du Thian
chan, la *mer Desséchée* (Han haï).

II. SYSTÈME DU THIAN CHAN.

La chaîne appelée en chinois *Thian-chan* (2),

---

(1) *Mémoires relatifs à l'Asie*, t. 2, p. 342. M. Klaproth y donne l'extrait d'une encyclopédie chinoise
en 150 volumes, publiée en 1711 , par l'ordre de
l'empereur Khanghi.

(2) On le nomme aussi Siue chan (mont neigeux),
Pé chan (mont blanc). J'évite volontiers dans cette
indication générale des grandes chaînes de l'Asie
intérieure, ces noms vagues, quand il est possible
de les échanger contre de meilleurs. Nos Alpes de
Suisse et l'Himâlaya, rappellent le Pé chan des
Chinois et le Moussour ou le Mouz-tagh (mont

ou monts Célestes s'appelle en turc (Tengri-
tagh, qui a le même sens). Leur latitude
moyenne est le 42° degré. Leur point culminant est peut-être la masse de montagnes remarquable par ses trois cimes, couverte de
neiges éternelles, et célèbre sous le nom
de *Bokhda oola* (en mongol-kalmuk,
Montagne sainte), c'est ce qui a fait donner par Pallas à toute la chaîne, la dénomination de Bogdo. Nous avons vu précédemment comment ce nom a, par igno-

---

neigeux ou plus exactement glacé) des Tatares;
mais qui serait assez osé pour enlever à ces chaînes
si célèbres, les noms qu'on a l'habitude de leur donner. Le Moussart de Pallas est une dénomination
qui vient d'une corruption du mot Moussour, et
qui, sur les cartes récentes, est attribué arbitrairement tantôt au Thian-chan, tantôt au système du
Kuen-lun, entre Ladak et le Khoten.

rance, été appliqué sur la mappemonde
d'Arrowsmith (1), à une partie du Grand-
Altaï , c'est-à-dire à une chaîne imaginaire allant du sud-ouest au nord-est, de
Hami aux sources du Ieniseï. Du Bokhda-
oola (2), et Khatoun bokhda (mont ma-
jestueux de la reine), le Thian chan se
dirige à l'est vers Bar-koul, où au nord de
Hami il s'abaisse brusquement, et s'apla-
nit au niveau du désert élevé , nommé le
Grand-Gobi ou Chamo, qui s'étend du sud-

---

(1) La carte d'Asie du même auteur, qui par
suite d'une ignorance extrême des langues, four-
mille d'erreurs les plus extraordinaires, offre indépendamment du mont *Bogdo*, qui court au
nord-est et devient le Grand Altaï, une autre petite
chaîne qui se dirige au sud-est sous le nom d'*Altai
Alin Topa.*

(2) Au nord-ouest de Tourfan.

ouest au nord-est, de Koua-tcheou, ville
de la Chine, aux sources de l'Argoun. Le
mont Nomkhoun, au nord-ouest du Sogok
et du Sobo, petits lacs du step, indique
peut-être par sa position, un leger exhaussement, une arête dans le désert ; car après
une interruption d'au moins dix degrés de
longitude, paraît un peu plus au sud que
le Thian chan, et suivant mon opinion,
comme une continuation de ce système,
à la grande sinuosité du Houang ho, ou
fleuve Jaune, la chaîne neigeuse du Gadjar
ou In-chan, qui file également de l'ouest à
l'est (1).

---

(1) Sous les 41 à 42° de latitude, par conséquent
au nord du pays d'Ordos. L'In-chan se rattache à
4 degrés à l'ouest de Peking au Ta-hang-chan,
mont neigeux, et au nord de cette ville, aux monts
de la Mongolie qui se prolongent vers le *Tchang*

Maintenant retournons dans le voisinage de Tourfan et du Bokhda-oola , et suivons le prolongement occidental du second système de montagnes ; nous verrons qu'il s'étend entre Goudja (Ili), lieu où le gouvernement chinois exile les coupables , et Koutché ; puis entre le Temourtou (1),

---

pe chan (grande montagne neigeuse), à la frontière septentrionale de la presqu'île de Corée. *Asia polyglotta* , p. 205 ; *Mémoires* relatifs à l'Asie , t. I , p. 455.

(1) Ce lac, appelé *Temourtou* en kalmuk-mongol, porte en kirghiz-turc les noms de *Touz-koul* (lac salé), et d'*Issi koul* (lac chaud). Les itinéraires de Semipolatinsk qui sont en ma possession , donnent exclusivement à ce lac la dénomination d'*Issi-koul*; son nom chinois *Je haï* , a la même signification ; *Mémoires relatifs à l'Asie* , t. II , p. 358 , 416. Ces mêmes itinéraires lui attribuent une longueur de 180 verst , et une largeur de 50 ;

grand lac dont le nom signifie eau ferrugineuse , et Aksou , au nord de Kachghar, et file vers Samarkand. Le pays compris entre le premier et le second systèmes de montagnes , ou entre l'Altaï et le Thian chan , est fermé à l'est , au-delà du méri-

---

évaluation qui peut-être n'est trop forte que d'un sixième. Les voyageurs avaient vu deux fois la rive orientale de ce lac remarquable ; la première , en se rendant des bords de l'Ili (Ilè) à *Ouch-Tourpan**, à l'ouest d'Aksou ; la seconde, après avoir franchi le Tchoui , dans le pays des Kirghiz des rochers ou noirs , pour gagner les rives du Narym et Kachghar.

* *Ouch-Tourpan* est le nom que les Boukhars donnent à la ville d'Ouchi, située à 200 li. à l'ouest d'Aksou. Le mot *Tourpan* (d'où dérive aussi le nom de la ville Tourfan , qui est beaucoup plus à l'orient) signifie , d'après les géographes chinois modernes , une *résidence* , mais selon d'autres des *eaux accumulées*. KL.

dien de Peking, par le Khingkhan oola,
crête montagneuse, qui va du sud-sud-
ouest au nord-nord-est ; mais à l'ouest, il
est entièrement ouvert du côté du Tchoui,
du Sarasou et du Sihoun inférieur. Il n'y
a pas, dans cette partie, d'arète transversale, à moins qu'on ne veuille regarder
comme telle la série d'élévations qui, du
nord au sud, s'étendent à l'ouest du lac
Dzaïsang, à travers le Targabataï, jusqu'à
l'extrémité nord-est de l'Ala-tau(1), entre

---

(1) C'est un nom qui a occasioné beaucoup de
confusion en orographie. Les Kirghiz, notamment
ceux de la grande horde, nomment Ala-tagh (Ala-
tau, monts tachetés), une suite de hauteurs qui
s'étend de l'ouest à l'est, sous les 43°, 3o′ à 45° du
haut Sihoun (Syr-deria ou Iaxartes) près de Ton-
kat, vers les lacs Balkachi et Temourtou. Son nom
dérive des raies et des taches noires que l'on aperçoit sur ses rochers escarpés, entre les couches de

les lacs Balkach et Alak tougoul-noor, et
ensuite au-delà du cours de l'Ili, à l'est du
Temourtou noor (entre les 44 et 49° de lat.),

---

neige (Meyendorf, *Voyage à Bokhara*, p. 96, 786).
La partie orientale de l'Ala-tau s'élève beaucoup à
la grande sinuosité que le Sihoun décrit au nord-
ouest, et se rattache au Kara-tau (Mont noir), à
Tharas ou Turkestân. Là, sous les 45° 17′ de lat.
et presque sous le méridien de Petropavlovsk, se
trouvent, ainsi que je l'ai appris à Orenbourg, des
sources chaudes, dans le territoire de Soussac où
les tigres sont nombreux. On voit par les itinéraires
de Semipolatinsk à Ili et à Kachghar, que les indigènes nomment également Ala-tau les montagnes
au sud du Tarbagataï entre les lacs Ala-koul, Balkachi et Temourtou. Est-ce de ces dénominations
que des géographes ont pris l'habitude d'appeler
Alak ou Alak-tau, tout le second système de montagnes, ou celui du Thian chan? Il ne faut pas
confondre avec l'Ala-tau ou Ala-taghi l'Oulough-

et qui se présentent comme une muraille
plusieurs fois interrompue du côté du step
des Kirghiz.

Il en est tout autrement de la partie de
l'Asie intérieure qui est bornée par le second et le troisième systèmes de montagnes, le Thian chan et le Kuen-lun. En effet, elle est fermée à l'ouest de la manière la
plus évidente , par un dos transversal qui
se prolonge du sud au nord , sous le nom
de Bolor ou Belour-tagh(1)(montagnes du

---

tagh ou grande montagne, nommée sur quelques
cartes Oulouk-tag, Oulou-tau, Oulouk-tagh. Sa
position dans le step des Kirghiz a été, jusqu'à présent, déterminée aussi vaguement que celle des
monts ou coteaux d'Alghinsk.

(1) Suivant M. Klaproth, ce dos transversal se
nomme en Ouïgour *Boulyt-tagh*, mont des nuages,

pays de Bolor , qui en est voisin). Cette
chaîne sépare la petite Boukharie de la
grande, du pays de Kachghar, de Badakh-

à cause des pluies extraordinaires qui sous cette
latitude tombent sans interruption pendant trois
mois. D'après Bakoui, *Extrait des manuscrits de la
bibliothèque du roi*, t. II, p. 472, les cristaux de
roche qui sont très beaux dans les monts Bolor
(*Po-lou-lo* des cartes japonaises), en tirent , en
persan et en turc, le nom de Belour. Dans cette
dernière langue, Belouth-tagh signifierait mont des
chênes. A l'ouest du dos transversal de Belour, se
trouve la station de Pamir, presque sous le parallèle de Kachghar, ainsi à peu près sous les 39° 30′
de latitude. Marco Polo a nommé, d'après cette
station, un plateau dont les géographes modernes
ont fait tantôt une chaîne de montagnes, tantôt une
province située plus au sud. Ce canton conserve de
l'intérêt pour le naturaliste, parce que le célèbre
voyageur vénitien y a observé le premier un fait qui

chan et du Haut-Djihoun (Amou-deria).
Sa partie méridionale , qui se rattache au
système des Kuen-lun , forme , d'après la
dénomination employée par les Chinois ,
une partie du *Thsoung ling*. Au nord , elle
se joint à la chaîne qui passe au nord-ouest
de Kachghar , et porte le nom de col de
Kachghar (*Kachghar divan* ou *davan*)`,
selon le récit de M. Nasarov, qui, en 1813,
est allé jusqu'à Khokand. Entre Khokand,
Dervazeh et Hissar , par conséquent entre
les sources encore inconnues du Sihoun
et de l'Amou-deria , le Thian chan se re-
lève avant de s'abaisser de nouveau dans
le khanat de Boukhara, et offre un groupe

---

s'est si fréquemment renouvelé devant moi sur les
hauteurs considérables du nouveau monde , c'est
qu'il est extrêmement difficile d'y allumer et d'y
entretenir du feu.

de hautes montagnes dont plusieurs sommets, tels que le Thakt-i-Souleiman (trône
de Salomon), la cime nommée Terek et
d'autres, sont couverts de neige, même en
été. Plus à l'est, sur le chemin qui va de la
rive occidentale du lac Temourtou à Kachghar, le Thian chan ne me paraît pas attein-
dre à une aussi grande élévation, du moins
il n'est pas fait mention de neige dans l'itinéraire de Semipolatinsk à Kachghar, qu'on
trouvera plus bas. La route passe à l'est du
lac Balkachi et à l'ouest du lac Issi-koul ou
Temourtou, et traverse le Narym ou Na-
rim, affluent du Sihoun. A 105 verst au
sud du Narym, on franchit le mont Rovat,
qui est assez élevé, et large de quinze verst;
il offre une grande caverne, et est situé entre l'At-bach, petite rivière, et le petit
lac de Tchater-koul. C'est le point culminant avant d'arriver au poste chinois placé

au sud de l'Ak-sou, petite rivière du step ,
au village d'Artuche, et à Kachghar ; cette
ville , bâtie sur les rives de l'Ara-tumen, a
15,000 maisons et 80,000 habitans , mais
est cependant plus petite que Samarkand. Le
Kachghar davan (1) paraît ne pas former
un mur continu , mais offrir un passage
ouvert sur plusieurs points. M. Gens m'a
déja témoigné son étonnement de ce qu'aucun des nombreux itinéraires de Boukhars
qu'il a rassemblés, ne fait mention d'une

---

(1) Les mots *davan* en turc oriental , *dabahn* en
mongol et *dabagan* en mandchou , désignent, non
pas une montagne , mais le passage dans une montagne ; *Kachkar davan* ne signifie donc que le passage à travers les montagnes à Kachkar ou Kachghar ; ce passage ou col peut aussi bien suivre par
une longue vallée, que traverser une côte haute et
escarpée.   Kʟ

(60)

haute chaîne de montagnes entre Khokand et Kachghar. Les grandes montagnes neigeuses semblent ne se montrer de nouveau qu'à l'est du méridien d'Aksou ; car ces mêmes itinéraires indiquent sur la route de Koura , sur les bords de l'Ili à Aksou, à peu près à mi-chemin , entre les sources thermales d'Arachan au nord de Khandjeilao (*Khan tsilao* , rocher du roi), poste chinois, et à l'avant-poste de Tamga tach , le *Djeparlé* , glacier couvert de neiges perpétuelles (1).

---

(1) C'est le *Moussour tagh* , ou *Moussar-tagh* (de là le *Moussart* de Strahlenberg et de Pallas) ou le glacier entre Ili et Koutché. Les glaces dont il est revêtu lui donnent l'aspect d'une masse d'argent. Une route, appelée *Moussour dabahn*, percée à travers ce glacier , conduit du sud-ouest au nord, ou pour mieux dire de la Petite Boukharie à Ili.

Le prolongement occidental du *Thian
chan* ou *Mouz tagh* , comme l'appellent

Voici la description qu'un géographe chinois mo-
derne fait de cette montagne : « Au nord , dit-il ,
est le relais de poste *Gakhtsa kharkhaï*, et au sud
celui de *Tamga tach* ou *Termé khada ;* ils sont éloignés l'un de l'autre de 120 li. Si du premier relai
on va au sud , la vue s'étend sur une vaste étendue
couverte de neige , qui , en hiver , est très profonde.
En été , on trouve sur les hauteurs de la glace , de
la neige et des lieux marécageux. Les hommes et les
bestiaux suivent les sentiers sinueux sur le flanc de
la montagne. Quiconque est assez imprudent pour
s'aventurer sur cette mer de neige , est perdu sans
ressource. Après avoir parcouru plus de 20 li , on
arrive au glacier , où l'on n'aperçoit ni sable , ni
arbres , ni herbes ; ce qui effraie le plus ce sont des
rochers gigantesques uniquement formés de glaçons
entassés les uns sur les autres. Si l'on jette les yeux
sur les fentes qui séparent ces masses de glace , on

par prééminence les rédacteurs des mémoires du sultan Baber, mérite un examen

---

n'y découvre qu'un espace vide et sombre où le jour
ne pénètre jamais. Le bruit des eaux qui coulent
sous ces glaces, ressemble au fracas du tonnerre.
Des carcasses de chameaux et de chevaux sont dis-
persées çà et là. Pour faciliter le passage on taille
dans la glace des marches pour monter et descendre,
mais elles sont si glissantes que chaque pas est dangereux. Trop souvent les voyageurs trouvent leur
tombeau dans les précipices. Hommes et bestiaux
marchent à la file, en tremblant d'effroi, dans
ces lieux inhospitaliers. Si l'on est surpris par la
nuit, il faut chercher un abri sur une grande pierre;
si la nuit est calme, on entend des sons fort agréa-
bles, tels que ceux de plusieurs instrumens réunis :
c'est l'écho qui répète le bruit du craquement produit par les glaces en se brisant. Le chemin que
l'on a tenu la veille n'est pas toujours celui qu'il
convient de suivre le lendemain. Au loin, dans

particulier. Au point où le Bolor ou Be-

---

l'ouest, une montagne, qui jusqu'à présent a été inaccessible présente ses cimes escarpées et couvertes de glaces. Le relai de *Tamga tach* est à 80 li de ce lieu. »

« Une rivière appelée *Moursour gol*, sort avec une impétuosité effrayante des flancs de ces glaciers, coule au sud-est, et porte ses eaux à l'*Ergheou* qui tombe dans le lac *Lob*. A quatre journées au sud de Tamga tach est une plaine aride, qui ne produit pas la plus petite plante. A 80 ou 90 li plus loin on continue à trouver des rochers gigantesques. Le commandant d'Ouchi envoie annuellement un de ses officiers porter des offrandes à ce glacier. La formule de la prière qui se récite dans cette occasion, est envoyée de Péking par le tribunal des Rits. »

« On trouve de la glace sur toute la crête du Thian chan, si on la traverse dans sa longueur ; mais si au contraire, on la franchit du nord au sud, c'est-à-dire dans sa largeur, on n'en trouve que

lour-tagh (1) se joint à angle droit au Mouz
tagh, ou traverse même comme un filon

sur une distance de quelques li. Tous les matins,
dix hommes sont occupés au col du Moussour
tagh, à tailler des degrés pour monter et descendre;
l'après midi, le soleil les a fondus ou les rend
extrêmement glissans. Quelquefois la glace manque
sous les pieds des voyageurs; ils y enfoncent sans
espérance de jamais revoir le jour. Les Mahomé-
tans de la Petite-Boukharie, immolent un bélier en
sacrifice, avant de traverser ces montagnes. La neige
y tombe toute l'année, il n'y pleut jamais.   KL.

(1) La chaîne transversale du Belour, Bolor, Be-
louth ou Boulyt est si âpre et si impraticable qu'il
ne s'y trouve que deux cols qui, depuis les temps
les plus anciens, ont été fréquentés par les armées
et les caravanes : l'un au sud entre Badahkchan et
Tchitral, et un autre au nord à l'est d'Ouchi aux
sources du Sihoun. Ce dernier (le Douan d'Akisik),
est situé au nord du point d'intersection du Thian

ce grand système, ce dernier continue à se
diriger sans interruption de l'est à l'ouest

---

chan et du Belour tagh , à l'endroit où ce dernier ,
pour me servir d'une autre expression empruntée
à la théorie des filons appliquée au soulèvement
des montagnes traverse sur une crevasse la rangée
des monts Célestes. On peut en effet considérer
comme une continuation du Belour, un petit ra-
meau de montagnes qui s'étend du sud au nord
sous les 40° 45′ à 42° 45′, et unit la chaîne de l'Asferah avec le Ming-boulak ou Ala-tagh (*Mémoirs
of sultan Baber,* p. XXVIII). L'âpreté excessive du
pays qui le rend impraticable entre Badakhchan ,
Karatighin et le versant méridional du Thian-chan,
suffit pour faire comprendre que les caravanes de
Samarkand (38° 40′ de lat.) et de Tachkend, pour
arriver à Kachghar (59° 25), passent l'Ili près
d'Almaligh (Gouldja 42° 49′, comme le dit Erskine
dans l'ouvrage cité p. XXXII). Gouldja, lieu de
bannissement des grands personnages de la Chine ,
et le lac Temourtou ne seraient-ils pas plus à l'ouest,

5

sous le nom d'Asferah-tagh, au sud du
Sihoun, vers Khodjend et Ourateppeh,
dans le Ferghana. Cette chaîne de l'Asferah, couverte de neiges perpétuelles, et
nommée à tort chaîne de Pamer (1), sépare les sources du Sihoun (*Iaxartes*) de
celles de l'Amou (2) (*Oxus*); elle tourne

---

ou bien Kachghar ne serait-il pas plus à l'est que
les missionnaires ne le marquent? Du reste, M. Erskine confirme, d'après le témoignage d'un Ouzbek,
l'opinion énoncée précédemment sur l'abaissement
des montagnes ou plutôt des cols entre Tachkend et
Gouldja, de même qu'entre ce lieu ou l'Ili et Kachghar (l. c. p. XXXIX. LXVII).

(1) Waddington, l. c. p. LXVII.

(2) Ces dernières sont situées au point culminant
du Belour tagh, sur le versant occidental du
Pouchtihar (Erskine and Waddington. *Mémoires
de Baber*, p. XXVII, XXIX, XXXIV, LXVII). La

au sud-ouest, à peu près sous le méridien
de Kodjend, et dans cette direction est
nommée, jusque vers Samarkand, Ak-tagh
(Mont-Blanc ou neigeux), ou Al-Botom.
Plus à l'ouest, sur les bords rians et fer-
tiles du Kohik, commence le grand abaissement de terrain comprenant la Grande-
Boukharie, le pays de Mavaralnahar, qui
est si bas, et où la culture soignée de la

---

vallée du haut Sihoun est bornée au nord par le
Ming-boulak-tagh (mont des mille Sources) : c'est
ainsi que l'on nomme une partie de l'Alak ou Alak-
tagh au nord de Marghinan et de Khokand. Si le
col de Kachghar ou Kachghar davan est situé sous
le méridien de Khokand, comme le marque la carte
de Lapie jointe au *Voyage de Meyendorff*, il doit se
trouver dans la chaîne de l'Asferah. Mais il me
paraît plus vraisemblable qu'il est identique avec
le col d'Akizik dont je parle dans l'avant dernière
note.

terre et la richesse des villes attirent périodiquement les invasions des habitans
de l'Iran, du Kandahar et de la Haute-
Mongolie; mais au-delà de la Mer Caspienne, presque sous la même latitude et
dans la même direction que le Thian chan,
se montre le Caucase avec ses porphyres
et ses trachytes. On est donc enclin à le
regarder comme une continuation de la
fissure en forme de filon, sur laquelle s'é-
lève dans l'est le Thian chan, de même
qu'à l'ouest du grand nœud de montagnes
de l'Adzarbaïdjan et de l'Arménie, on
reconnaît dans le Taurus une continuation de l'action de la fissure de l'Himâlaya et de l'Hindou kouch. C'est ainsi
que, dans le sens géognostique, les membres disjoints des montagnes de l'Asie occidentale, comme M. Ritter les nomme
dans son excellent tableau de l'Asie, se

rattachent aux formes des terrains de l'o-
rient.

III. SYSTÈME DU KUEN LUN.

La chaîne du *Kuen lun* ou *Koulkoun*,
nommée aussi *Tartach-davan* (1), est

---

(1) Le nom de *Tartach-davan* s'applique de même
à la continuation occidentale de cette chaîne nommée *Thsoung ling* par les Chinois. *Thsoung ling*
signifie *montagnes des Ognons;* on pourrait également traduire ce nom par *Montagnes Bleues,* car
thsoung en chinois désigne aussi la couleur bleuâtre
de l'ognon cru; cependant comme cette chaîne est
appelée encore aujourd'hui *Tartouch* ou *Tartach
dabahn,* par les Boukhars et autres habitans de
l'Asie centrale, il faut prendre le mot *thsoung* dans
sa signification d'*ognon;* car les géographes chinois
rapportent que l'espèce d'ognon sauvage, nommée
tartouch ou *tartach,* croît sur toutes les montagnes

entre Khotan (Ilitchi) (1) , (où la civilisation hindoue et le culte de Bouddha ont
pénétré cinq cents ans avant de parvenir

---

du Tubet occidental ; ses tiges forment des tas , et si
les voyageurs ou les bêtes de somme mettent le pied
sur un de ces tas , ils glissent facilement et tombent ;
aussi craint-on beaucoup cet accident quand le chemin est escarpé. Les routes qui traversent ces montagnes sont très raides et difficiles , cependant elles
passent rarement à travers les glaciers, dont les
cimes élevées et couvertes de neiges profondes et
éternelles restent à côté du chemin.

(1) La position de Khotan est très fautive sur
toutes les cartes. Latitude d'après les observations
astronomiques des missionnaires Félix de Arocha ,
Espinha et Hallerstein, 37° 0′, longitude 35° 52′ à
l'O. de Peking , par conséquent 78° 15′ à l'E. de
Paris (*Mémoires relatifs à l'Asie*, t. II, p. 283).
Cette longitude détermine la direction moyenne du
Kuen-lun.

au Tubet et Ladak) entre le nœud de montagnes de Khoukhou-noor et du Tubet
oriental, et la contrée appelée Katchi.

Ce système de montagnes commence à
l'ouest au Thsoung ling (Monts des Ognons
ou Bleus) , sur lequel M. Abel-Remusat
a répandu tant de jour dans sa savante
Histoire de Khotan (1). Ce système se
rattache, comme on l'a observé plus haut,
à la chaîne transversale de Bolor , et suivant les livres chinois, en forme la partie
méridionale. Ce coin du globe entre le
petit Tubet et le Badakchan , riche en
rubis , en lazulite et en kalaïte (2) , est très

---

(1) *Histoire de la ville de Khotan*, p. VIII , etc. et
237, Klaproth, l. c. p. 295 et 415.

(2) Turquoise qui n'est pas d'origine organique
ou animale.

peu connu ; et, suivant des renseignemens récens , le plateau du Khorassan qui se dirige vers Hérat , et borne au nord l'Hindou kho (1) , paraît être plutôt une continuation du Thsoung ling et de tout le système du Kuen lun à l'ouest , qu'un prolongement de l'Himâlaya , comme on le suppose communément. Du Thsoung ling, le Kuen lun ou Koulkoun , file de l'ouest à l'est, vers les sources du Houang ho (fleuve Jaune) , et pénètre , avec ses cimes neigeuses , dans le Chen si, province de la Chine. Presque sous le méridien de ces sources , s'élève le grand nœud des montagnes du lac Khoukhou-noor , nœud qui s'appuie au nord sur la chaîne neigeuse

_____

(1) L'Hindou kouch. On peut consulter sur ses cols le *Mémoirs of Baber*, p. 139.

des Nan chan ou Ki lian chan (1) , s'avan-
cant également de l'ouest à l'est. Entre le
Nan chan et le Thian chan, du côté de
Hami, les montagnes du Tangout bornent
le bord du haut désert de Gobi ou Chamo,
qui se prolonge du sud-ouest au nord-est.
La latitude de la partie moyenne du Kuen
lun est par 35° 3o'.

IV. SYSTÈME DE L'HIMALAYA.

Ce système sépare les vallées de Kachemir (Sirinagar) et de Népal, du Boutan et
du Tubet ; à l'ouest, il s'élance, par le
Djavahir, à 4,026 toises ; à l'est, par le

---

(1) Le prolongement nord-est du Ki lian chan,
chaîne couverte de neiges perpétuelles, se nomme
Alachan-oola, en chinois Holan.

Dhavalaghiri (1), à 4,390 de hauteur absolue au-dessus du niveau de la mer ; il se
dirige généralement du nord-ouest au sud-

---

(1) Humbolt, *Sur quelques phénomènes géolo-
giques qu'offre la Cordillère de Quito, et la partie
occidentale de l'Himálaya*, dans les *Annales des
Sciences naturelles*, mars 1825. Dhavalaghiri, Mont-
Blanc de l'Inde ; son nom vient de *dhavala* blanc,
et de *ghiri* montagne, en sanscrit. M. Bopp présume que dans Djavahir la finale *hir* remplace *ghiri*.
Djava signifie vitesse. Pour que l'on puisse trouver
des objets de comparaison aux deux colosses de
l'Asie, je rappelle ici que parmi les sommets de la
chaîne des Andes en Amérique, le Nevado de
Sorata, mesuré par M. Pentland, atteint 3,948
toises, et le Chimborazo, que j'ai mesuré, en a
3,350. (Arago, dans l'*Annuaire du Bureau des longitudes*. 1830 et mon *Mémoire sur le Pérou méridional*
dans la *Hertha*, 1829, janvier, pag. 14, et *Nouvelles
Annales des Voyages*, t. XIV).

est , et par conséquent n'est nullement parallèle au Kuen-lun; il s'en rapproche tellement sous le méridien d'Attok et de Djel-
lal-abad , qu'entre Kaboul , Kachemir ,
Ladak et Badakhchan , l'Himâlaya semble
ne former qu'une seule masse de montagnes avec l'Hindou kho et le Thsoung
ling. De même l'espace entre l'Himâlaya et
le Kuen-lun est plus resserré par des chaînes secondaires et des masses de monts
isolés , que ne le sont les plateaux entre le
premier, le second et le troisième systèmes
de montagnes. Par conséquent, on ne peut
proprement comparer le Tubet et le Katchi, d'aprèsleur construction géognostique
avec les hautes vallées longitudinales (1) ,

_____

(1) Dans les Andes , j'ai trouvé que la hauteur
moyenne de la vallée longitudinale entre la Cordillère orientale et l'occidentale , depuis le nœud de

situées entre la chaîne des Andes orientales
et occidentales, par exemple, avec le plateau qui renferme le lac de Titicaca, dont
un observateur très exact, M. Pentland,

---

montagnes de Los Robles près de Popayan jusqu'à
celui de Pasco, ainsi des 2° 20′ de lat. N. aux 10°
30′ de lat. S. était à peu près de 1,500 toises (*Voyage
aux régions équinoxiales*. T. III, p. 207). Le plateau ou plutôt la vallée longitudinale de Tiahua-
naco, le long du lac de Titicaca, siège primitif de
la civilisation péruvienne, est plus élevé que le pic
de Ténériffe : toutefois on ne peut pas, d'après mes
expériences, dire en général que la hauteur absolue à laquelle le sol des vallées longitudinales paraît
avoir été soulevé par les forces souterraines, augmente avec la hauteur absolue des chaînes voisines.
De même, l'élévation des chaînes isolées au-dessus
des vallées est très diverse, suivant qu'au pied de la
chaîne, la plaine soulevée s'est élevée en même temps
ou bien a conservé son ancien niveau.

a trouvé que l'élévation au-dessus de la mer était de 1,986 toises. Cependant il ne faut pas se représenter la hauteur du plateau entre le Kuen-lun et l'Himâlaya, de même que dans tout le reste de l'Asie intérieure, comme égale partout. La douceur des hivers et la culture de la vigne (1), dans les jardins de H'lassa, sous les 29° 40′ de latitude, circonstances connues par les rela-

---

(1) La culture des plantes dont la vie végétante est presque bornée à la durée de l'été, et qui dépouillées de feuilles, restent engourdies pendant l'hiver, pourrait être expliquée par l'influence que de vastes plateaux exercent sur le rayonnement de la chaleur ; mais il n'en est pas de même de la moindre rigueur des hivers quand il s'agit de hauteur de 1,800 à 2,000 toises à 6° au nord de la zone équinoxiale.

tions publiées par M. Klaproth et l'archi-
mandrite Hyacinthe , annoncent l'existence de vallées profondes et d'affaissemens
circulaires (1). Deux fleuves considérables, l'Indus et le Zzangbo (Tsampou) (2),
indiquent, dans le plateau du Tubet, au
nord-ouest et au sud-est, un abaissement
dont l'axe se trouve presque sous le méri-

(1) Je me rappelle la vallée étroite, mais char-
mante de Guallabamba, dans laquelle en sortant
de Quito, je descendais souvent, en quelques instans, à une profondeur perpendiculaire de 500
toises, pour échanger un climat désagréable et froid
contre la chaleur tropicale, à l'aspect des orangers,
des palmiers et des bananiers.

(2) Les recherches de M. Klaproth ont prouvé
que ce fleuve entièrement séparé du système de
Brahmapoutra, était identique avec l'Iraouaddy de
l'empire birman.

dien du gigantesque Djavahir, des deux
lacs sacrés le Manassoravara et le Ravana
Hrada, et du mont Kaïlasa ou Kaïlas, en
chinois O neou ta, en tubetain *Gang dis-
ri* (mont couleur de neige; sur les cartes de
d'Anville *Kentaisse*). De ce noyau sortent : la chaîne de Kara koroum padichah,
qui se dirige au nord-ouest, par conséquent au nord de Ladak, vers le Thsoung
ling ; les chaînes neigeuses de Hor (Khor),
et de Zzang qui filent à l'est. Celle de Hor,
à son extrémité nord-ouest, se rattache au
Kuen-lun ; il court, du côté de l'est, vers
le Tengri noor (lac du Ciel). Le Zzang,
plus méridional que la chaîne de Hor,
borne la longue vallée du Zzangbo, et file
de l'ouest à l'est vers le Nien tsin tangla
gangri, très haut sommet qui, entre H'lassa
et le lac Tengri noor (mal à propos nommé
Terkiri), se termine au mont Nomchoun

oubachi (1). Entre les méridiens de Gorkha, de Khatmandou et de H'lassa, l'Himâlaya envoie au nord vers la rive droite ou bord méridional de la vallée du Zzangbo, plusieurs rameaux couverts de neiges perpétuelles. Le plus haut est le Yarla Chamboï gangri, dont le nom en tubétain signifie la montagne neigeuse dans le pays du Dieu existant par lui-même. Cette cime est à l'est du lac Yamrouk youmdzo, que nos cartes nomment *Palté* (2), et qui ressemble

_____

(1) Klaproth. *Mémoires relatifs à l'Asie*. T. III, p. 291.

(2) Probablement par une méprise, causée par le nom de Péïti situé un peu au nord. D'Anville, *Atlas de la Chine*. H. — (La ville s'appelle en tubétain *Bhaldhi ;* les Chinois ont estropié ce nom en *Peïti* ou *Péti ;* il n'y a pas de doute que la dénomination de Palté, qu'on donne au lac voisin, ne dérive de *Bhaldhi* KL.).

à un anneau à cause d'une île qui remplit presque toute son étendue.

Si, profitant des écrits des Chinois que M. Klaproth a recueillis (1), nous suivons le système de l'Himâlaya vers l'est au-delà du territoire anglais dans l'Hindoustân, nous voyons qu'il borne l'Assam au nord, contient les sources du Brahmapoutra, passe par la partie septentrionale de l'Ava, et pénètre dans l'Yun nan, province de la Chine ; il y montre, à l'ouest d'Young tchang, des cimes aiguës et neigeuses ; il tourne brusquement au nord-est sur les

---

(1) Je possède deux pages d'un manuscrit intitulé *Aperçu des hautes chaînes de montagnes de l'Asie centrale*, que M. Klaproth a eu la complaisance de me communiquer en 1828, avant que je partisse pour mon voyage de Sibérie.

confins du Hou kouang, du Kiang si, et
du Fou kian, et s'avance avec des sommets
neigeux près de l'Océan, où l'on trouve,
comme prolongement de cette chaîne, une
île (Formose) dont les montagnes sont couvertes de neige pendant la plus grande partie de l'été, ce qui indique une élévation
d'au moins 1,900 toises. Ainsi on peut suivre le système de l'Himâlaya comme chaîne
continue depuis l'Océan *oriental, ensuite*
par l'Hindou kho, à travers le Kandahar et
le Khorassan, enfin jusqu'au-delà de la mer
Caspienne dans l'Adzerbaïdjan, dans une
étendue de 73 degrés de longitude, la moitié de celle des Andes. L'extrémité occidentale, qui est volcanique (1), mais couverte

---

(1) La partie orientale de cette chaîne, au point
où elle finit à l'île de Formose, est également volcanique. Le mont *Tchy kang* (la chaîne rouge),

également de neige au Demavend , perd
le caractère particulier de chaîne dans le
nœud des montagnes d'Arménie, qui se
rattache au Sangalou , au Bingheul et au
Kachmir dagh, hauts sommets du pachalik

---

au sud de Fung chan hian dans cette île , a autrefois vomi du feu, et il s'y trouve encore un lac dont
l'eau est chaude. Le *Phy nan my chan*, au sud-est
de Fung chan hian, est très élevé et couvert de
pins ; on y distingue pendant la nuit une lueur qui
ressemble à du feu. Le *Ho chan* (mont du feu), au
sud-est de Tchu lo hian, est rempli de rochers
entre lesquels coulent des sources dont l'eau produit constamment des flammes. Enfin le *Lieou
houang chan* (montagne du soufre), qui s'étend au
nord de la ville de Tchang houa hian jusqu'à Tan
choui tchhing, jette continuellement des flammes
à sa base ; et les exhalaisons sulfureuses y sont si fortes , qu'elles peuvent étouffer un homme ; on extrait
une grande quantité de soufre de cette montagne. KL.

d'Erzeroum. La direction moyenne du système de l'Himâlaya est au N. 55° O.

Voilà les traits principaux d'un tableau
géognostique de l'Asie intérieure, que j'ai
tracé d'après de nombreux matériaux que
j'ai rassemblés pendant une longue suite
d'années (1). Ceux de ces matériaux dont
nous sommes redevables aux voyageurs
européens modernes sont d'une mince importance, en comparaison de l'espace pro-
digieux qu'occupent la chaîne de l'Altaï,
les monts Himâlaya et les dos transver-
saux du Bolor et du Khingkhan. Ce sont

----

(1) J'ai déja publié deux essais sur ce sujet :
Mémoires sur les montagnes de l'Inde et la limite in-
férieure des neiges perpétuelles en Asie. (Voyez An-
nales de chimie et de physique. T. III, p. 297, et
t. XIV, p.5).

les savans versés dans la connaissance des littératures chinoise, mandchoue et mongole qui, de nos jours, ont publié les notices les plus importantes et les plus complètes sur ces sujets. Plus la culture des langues asiatiques deviendra générale, plus on appréciera pour l'étude de la constitution géognostique de l'Asie moyenne la connaissance de ces sources si long-temps négligées. En attendant le moment où M. Klaproth répandra une nouvelle lumière sur cette étude par un ouvrage spécial, le tableau que j'ai présenté plus haut, des quatre systèmes de montagnes qui se dirigent de l'est à l'ouest, et dont le savant que je viens de nommer a fourni une grande partie des matériaux, ne sera pas sans utilité. Pour reconnaître ce qu'il y a de caractéristique dans les inégalités de la surface du globe; pour découvrir les lois

qui suivent la disposition locale des masses
de montagnes et des dépressions, on peut
avoir recours à l'analogie que peuvent
offrir d'autres continens. Si une fois les
grandes formes, les directions dominantes
des chaînes sont bien déterminées, on voit
se rattacher à cette base, comme à un type
commun, tout ce qui, dans les phénomènes, a paru d'abord isolé, s'éloigner
des règles, annoncer un autre âge de formation. Cette méthode que j'ai suivie dans
mon tableau géognostique de l'Amérique
méridionale, j'ai essayé de l'appliquer ici
aux limites des grandes masses de l'Asie
moyenne.

En jetant un dernier coup d'œil sur les
quatre systèmes de montagnes qui coupent
le continent de l'Asie de l'est à l'ouest,
nous voyons que le méridional le plus d'é-

tendue et de développement en longueur.
L'Altaï atteint à peine, avec des sommets
élevés au 78ᵉ degré, le Thian chan, la
chaîne au pied de laquelle sont situés Hami,
Aksou et Kachghar, arrivent au moins au
69° 45′ ; si l'on place, comme les missionnaires, Kachghar à 71° 37′ à l'est de Paris (1). Le troisième et le quatrième système
sont comme fondus dans les grands nœuds
de Badakhchan, du Petit Tubet, et de

---

(1) La géographie astronomique de l'Asie intérieure est encore très confuse, parce que l'on ignore
les élémens des observations et que l'on ne connaît
que leurs résultats ; par exemple : Tachkend, suivant la carte de Waddington, annexée aux *Mémoires du sultan Baber*, est situé sous le 2ᵉ méridien
de l'E. de Samarkand ; tandis que la carte jointe
au *Voyage* du baron de Meyendorff, dressée par
M. Lapie, place cette ville sous le méridien même
de Samarkand.

Kachghar. Au-delà des 69e et 70e méridiens, il n'y a qu'une chaîne, celle de
l'Hindou-kho qui s'abaisse vers Hérat,
mais qui ensuite, au sud d'Asterabad, s'é-
lève à une hauteur considérable vers le
sommet volcanique et neigeux du Demavend. Le plateau de l'Iran qui, dans sa
plus grande étendue de Tehran à Chyraz,
paraît avoir une hauteur moyenne de 650
toises (1), envoie vers l'Inde et le Tubet

---

(1) On manque toujours de mesures barométriques pour ces pays parcourus récemment par les
Européens, si fréquemment et avec tant de facilité.
Les déterminations de Fraser pour le point d'ébulition (*Narrative of a journey to Khorasan. Appendix,*
p. 135) donnent, suivant la formule de Meyer,
pour Tehran 627 toises, pour Isfahan 688, pour
Chyraz 692. La formule de Biot fournit des hauteurs plus basses de quelques toises. Les résultats
offerts par le tableau contenu dans *la Hertha,* fé-

deux branches, l'Himâlaya et la chaîne
du Kuen lun, et forme une bifurcation de

---

vrier 1820, p. 172, se fondent, suivant le docteur
Knorre, sur la supposition erronnée que la force
expansive du changement de température du point
d'ébulition , reste absolument proportionnelle. Afin
que l'on puisse comparer la hauteur du plateau de
la Perse avec d'autres, je présente le tableau suivant. Intérieur de la Russie autour de Moscou 76
toises et non 145, comme on l'a long-temps pré-
tendu ; plaines de la Lombardie 80 ; plateau de la
Souabe 150, de l'Auvergne 174 , de la Suisse 220 ,
de la Bavière 260, de l'Espagne 350. Si le fond
d'une vallée longitudinale, par exemple dans la
chaîne des Andes, est souvent à une hauteur de
1500 à 2000 toises au-dessus du niveau de la mer,
c'est le résultat de l'élévation de toute la chaîne.
Les plateaux de l'Espagne et de la Bavière se sont
vraisemblablement exhaussés lorsque toute la masse
du continent se souleva. Les deux époques sont très
différentes en géognosie.

la fissure de laquelle les masses de montagnes se sont élevées. Ainsi le Kuen lun peut être considéré comme un débris saillant de l'Himâlaya. L'espace intermédiaire, comprenant le Tubet et le Katchi, est coupé par de nombreuses fentes dans toutes sortes de directions. Cette analogie avec les phénomènes les plus ordinaires de la formation des filons se montre de la manière la plus évidente, comme je l'ai développé ailleurs, dans la suite longue et étroite des Cordillères du Nouveau Monde.

On peut suivre jusqu'au-delà de la mer Caspienne, sous les 45 degrés de longitude (1), les systèmes de montagnes de l'Himâlaya et des Kuen lun, qui se sont prolongés en se joignant dans le nœud si-

_____

(1) Toujours à l'est du méridien de Paris.

tué entre Kachemir et Fyzabad. Ainsi la chaîne de l'Himâlaya reste au sud du Bolor, de l'Ak-tagh, du Mingboulak et de l'Ala-tau, entre Badakhchan, Samarkand et Turkestan ; à l'est du Caucase, elle se joint au plateau de l'Adzarbaïdjan, et borne au sud le grand enfoncement ou affaissement dont la Mer Caspienne et le lac Aral (1) occupent le bassin le plus bas, et dans lequel une partie considérable de terrain, dont la surface est vraisembla-

(1) Une suite de nivellemens barométriques continuée par un hiver très rigoureux, pendant l'expédition du colonel Berg, depuis la Mer Caspienne jusqu'à la rive occidentale du lac Aral à la baie de Mertvoy Koultouk, par M. Duhamel et M. Anjou, capitaines de vaisseau, a montré que le niveau du lac Aral est de 117 pieds anglais au-dessus de celui de la Mer Caspienne.

blement de 18,000 lieues carrées, et qui
s'étend entre la Kouma, le Don, le Volga,
le Iaïk, l'Obtchey-syrt, le lac Ak-sakal, le
Sihoun inférieur, et le khanat de Khiva,
sur les rives de l'Amou-deria, est située
au-dessous du niveau de l'Océan. L'existence de ce singulier affaissement a été
l'objet de pénibles observations barométriques de nivellement entre la mer Caspienne et la mer Noire, par MM. de Parrot
et Engelhardt ; entre Orenbourg et Gou-
riev à l'embouchure du Iaïk par MM. de
Helmersen et Hoffmann. Ce pays si bas est
rempli de formations tertiaires, d'où sortent des mélaphyres et des débris de roches scorifiées ; il offre aux géognostes,
par la constitution du terrain, un phénomène jusqu'à présent unique sur notre
planète. Au sud de Bakou et dans le golfe
de Balkan, cet aspect est extrêmement

modifié par les forces volcaniques. L'académie des sciences de S.-Pétersbourg a
récemment exaucé mes vœux, de faire
déterminer par une suite de stations de
nivellemens barométriques, sur la lisière
nord-est de ce bassin, sur le Volga entre
Kamychin et Saratov, sur le Iaïk entre
l'Obtchey-syrt, Orenbourg et l'Ouralsk,
sur l'Iemba et au-delà des coteaux de
Mougodjar, par lesquels l'Oural se prolonge au sud, du côté du lac Ak-sakal et
vers le Sarasou, la position d'une ligne
géodésique (1) qui réunisse tous les points

(1) Ligne de sonde. Il est question de ce travail
dans le discours que j'ai prononcé, dans la séance
extraordinaire de l'académie des sciences de Saint-
Pétersbourg, le 16 novembre 1829. Il se trouve dans
les *Nouvelles Annales des Voyages* (2ᵉ série), t. 15,
p. 86 et suiv.

situés au niveau de la surface de l'O-
céan.

J'ai parlé plus haut de la supposition
suivant laquelle ce grand affaissement des
terres de l'Asie occidentale, continuait
autrefois jusqu'à l'embouchure de l'Ob et
à la mer Glaciale par une vallée traversant
le désert de Kara-koum, et les nombreux
groupes d'oasis des steps des Kirghiz et
de Baraba. Son origine me paraît plus
ancienne que celle des monts Oural, dont
on peut suivre le prolongement méridional dans une direction non interrompue
depuis le plateau de Gouberlinsk, jusqu'à
Oust-ourt entre le lac Aral et la Mer Caspienne. Une chaîne dont la hauteur est si
peu considérable, ne serait-elle pas entièrement disparue, si la grande fissure de
l'Oural ne s'était pas formée postérieure-

ment à cet affaissement. Par conséquent
l'époque de l'affaissement de l'Asie occidentale coïncide plutôt avec celle de
l'exhaussement du plateau de l'Iran , du
plateau de l'Asie centrale , de l'Himâlaya,
du Kuen lun , du Thian chan , et de tous
les anciens systèmes de montagnes, diri-
gés de l'est à l'ouest ; peut-être aussi avec
celle de l'exhaussement du Caucase et du
nœud de montagnes de l'Arménie et d'Erzeroum. Aucune partie du monde , sans
même en excepter l'Afrique méridionale ,
n'offre une masse de terre aussi étendue
et soulevée à une si grande hauteur que
dans l'Asie intérieure. L'axe principal de
cet exhaussement qui probablement pré-
céda l'éruption des chaînes sorties des
fentes allant de l'est à l'ouest, se dirige du
sud-ouest au nord-est, depuis le nœud
de montagnes entre Kachemir , Badakh-

chan, et le Thsoung ling, dans le Tubet,
où sont le Kaylasa et les lacs Sacrés (1),
jusqu'aux sommets neigeux de l'In chan et
du Kingkhan (2). Le soulèvement d'une

---

(1) Les lacs Manasa et Ravan Hrad. Manasa en
sanscrit signifie esprit : le Manasa-vara est le plus
oriental de ces deux lacs; son nom veut dire, mot
à mot, le plus parfait des lacs honorables. Le lac
occidental est nommé Ravanah Hrad ou lac de
Ravana; d'après le célèbre héros du Ramayana
(Bopp).

(2) Cette direction de l'axe des exhaussemens du
sud-ouest au nord-est, se retrouve aussi au-delà
du 55me degré de latitude, dans l'espace compris
entre la Sibérie occidentale, contrée basse, et la
Sibérie orientale, pays rempli de chaînes de montagnes; cet espace est borné par le méridien d'Irkoutsk, la mer Glaciale et la mer d'Okhotsk. M. le
docteur Erman a trouvé dans les monts Aldan à
Allakh-iouna une cime haute de 5ooo pieds (Berg-

masse si énorme suffisait pour produire
un affaissement dont peut-être aujourd'hui

---

haus, *Annalen.* T. I, p. 599). Au nord du Kuen
lun, chaîne du Tubet septentrional, et à l'ouest
du méridien de Peking les parties de l'exhaussement du sol les plus importantes par leur étendue
et leur hauteur sont : 1° à l'est du nœud du Khoukhou-noor, l'espace entre le Tourfan, le Tangout,
la grande sinuosité du Houang ho, le Gardjan (Klaproth. *Tableaux historiques de l'Asie,* p. 97) et la
chaîne du Kingkhan, espace qui comprend le grand
désert de Gobi ; 2° Le plateau entre les monts neigeux de Khangaï et de Tangnou, entre les sources
du Ieniseï, de la Selengga et de l'Amour ; 3° A
l'ouest du canton arrosé par le cours supérieur de
l'*Oxus* (Amou) et du *Iaxartes* (Sihoun); entre
Fyzabad, Balkh, Samarkand et l'Ala-tau près du
Turkestan, à l'ouest du Bolor (Belout tagh). Le
soulèvement de ce dos transversal a produit dans le
sol de la grande vallée longitudinale, qui forme la

la moitié n'est pas remplie par l'eau , et
qui depuis qu'il existe a été tellement modifié par l'action des forces souterraines ,
que selon les traditions des Tatares , re-
cueillies par M. le professeur Eichwald ,
le promontoire d'Abcheron était autrefois uni par un isthme avec la côte opposée de la Mer Caspienne en Turcomanie.
Les grands lacs qui se sont formés en Europe , au pied des Alpes , sont un phénomène analogue à l'enfoncement où est située la Mer Caspienne , et doivent égale-

province *Thian chan Kan lou* entre le second et le
troisième système de montagnes de l'est à l'ouest,
ou entre le Thian chan et le Kuen lun , une contre-
pente de l'ouest à l'est , tandis que dans la vallée
longitudinale de la Dzoungarie *(Thian chan Pe lou)*,
entre le Thian chan et l'Altaï , on observe une pente
générale de l'est à l'ouest.

ment leur origine à un affaissement du sol.
Nous verrons bientôt que c'est principalement dans l'étendue de cet enfoncement,
par conséquent dans l'espace où la résistance était moindre , que des traces récentes de l'action volcanique se montrent.

La position du mont Aral-toubé, qui a
autrefois jeté du feu , et dont j'ai connu
l'existence par les itinéraires du colonel
Gens, devient plus intéressante quand on
la compare avec celle des volcans du Pe-
chan et de Ho tcheou , sur les pentes septentrionale et méridionale du Thian chan,
avec celle de la solfatare d'Ouroumtsi, et
avec celle de la crevasse voisine du lac
Darlaï , qui exhale des vapeurs ammonia-
cales. Les recherches de MM. Klaproth
et Abel Remusat nous ont fait connaître
ce dernier point depuis plus de six ans.

Le volcan situé par 42° 25′ ou 42° 35′ de latitude, entre Korgos sur les bords de l'Ili, et Koutché dans la Petite-Boukharie, appartient à la chaîne du Thian chan : peut-être se trouve-t-il sur son versant septentrional, à 3 degrés à l'est du lac Issikoul ou Temourtou. Les auteurs chinois le nomment *Pè chan* (Mont-Blanc), *Ho chan* et *Aghie* (montagne de feu) (1). On

---

(1) Klaproth. L. c. p. 110, et aussi *Mémoires relatifs à l'Asie.* T. II, p. 358. Abel Rémusat, dans le *Journal asiatique*, T. V, p. 45, et aussi *Description de Khotan*, T. II, p. 9. Les notices données par M. Klaproth sont les plus complètes, et tirées principalement de l'histoire de la dynastie des Ming. M. Abel Rémusat a puisé davantage dans la traduction japonaise de la grande encyclopédie chinoise. La racine *ag* qui se retrouve dans le mot *Aghie* signifie *feu* en hindoustani, suivant M. Klaproth. Au sud du Pè chan, dans les environs de

ne sait pas avec certitude, si le nom de
Pè chan veut dire que son sommet atteint à la ligne des neiges perpétuelles,
ce que la hauteur de cette montagne déterminerait au moins pour le minimum,
ou s'il indique seulement la couleur écla-

Khotan qui appartient au Thian chan Kan lou, sans
doute on parlait, avant notre ère, le sanscrit ou
une langue ayant une grande analogie avec celle-
là ; mais en sanscrit une montagne enflammée se
nommerait *Agni ghiri*. Selon M. Bopp *Aghie* n'est
pas un mot sanscrit. (La racine *ag* qui se trouve
dans le mot *aghie* signifie feu dans toutes les langues de l'Hindoustân ; cet élément est nommé *ág*
en hindoustani, *ágh* en mahratte, et la forme
d'*aghi* s'est encore conservée dans la langue du
Pendjâb. Le mot *agni*, par lequel on désigne
ordinairement le feu en sanscrit, appartient à la
même racine, ainsi que *ágoun* en bengali, *ogn* en
slave et l'*ignis* des Latins. Kl.)

tante d'une cime couverte de sels, de
pierres-ponces et de cendres volcaniques
en décomposition. Un écrivain chinois du
7° siècle dit : A deux cents li, ou à 15
lieues au nord de la ville de Khoueï tchéou
(aujourd'hui Kou tchè), qui est située par
41° 37′ de lat. et 80° 35′ de longit. E.; suivant les déterminations astronomiques des
missionnaires faites dans le pays des Eleuths,
s'élève le Pè chan qui vomit, sans interruption, du feu et de la fumée. C'est de
là que vient le sel ammoniac ; sur une des
pentes du *Mont de Feu* (Ho chan), toutes
les pierres brûlent, fondent et coulent à
une distance de quelques dizaines de li.
La masse en fusion (1) durcit à mesure

_____

(1) L'histoire de la dynastie chinoise des Thang,
en parlant de la lave du Pè chan, dit qu'elle coulait
comme une graisse liquide.   KL.

qu'elle se refroidit. Les habitans l'emploient comme médicament dans les maladies (1) : on y trouve aussi du soufre.

M. Klaproth observe que cette montagne
se nomme aujourd'hui *Khalar* (2), et que

---

(1) Non pas la lave, mais les particules salines
qui font efflorescence à sa surface.

(2) Le *Pé chan* des anciens Chinois porte à présent le nom turc d'*Echik bach. Echik* est une petite
espèce de chamois, et *bach* signifie tête. Le soufre y
est produit en abondance. L'*Echik bach* appartient
aux hautes montagnes, qui, du temps de la dynastie de *Wei* (dans le troisième siècle), bornaient au
nord-ouest le royaume de *Khouei thsu* (Koutché);
c'est l'*Aghie chan* sous les *Soui* (dans la première
moitié du septième siècle). L'histoire de cette dynastie dit que cette montagne a toujours du feu et
de la fumée, et qu'on y recueille du sel ammoniac.
On lit dans la description des pays occidentaux,
qui fait partie de l'histoire de la dynastie des Thang,

suivant le récit des Boukhars qui apportent
en Sibérie le sel ammoniac nommé *nao cha*

---

que la montagne en question s'appelait alors *Aghie-
thian chan* (ce qu'on pourrait traduire par *mont des
champs de feu**), ou *Pé chan* (Mont Blanc), qu'il
était au nord de la ville d'*Ilolo*, et qu'il en sortait un
feu perpétuel. *Ilolo* (ou peut-être *Irolo, Ilor, Irol*)
était alors la résidence du roi de *Khouei thsu*.

L'*Echik bach* est au nord de Koutché, et à 200 li
à l'occident du *Khan tengri*, qui fait partie de la
chaîne du Thian-chan. L'Echick bach est très large,
et on y recueille encore aujourd'hui beaucoup de
souffre et de sel ammoniac. Il donne naissance à la
rivière *Echik bach gol*, qui coule au sud de la ville
de Koutché, et se jette après un cours de 200 li dans
l'Ergheou.

Voici encore quelques notices sur d'autres lieux
volcaniques de l'Asie centrale.

Près d'Ouroumtsi, et 30 li à l'ouest du poste de

---

* Dans ce nom, le mot *thian* ne signifie pas *ciel*, il y est
exprimé par le caractère qui désigne un *champ*.

en chinois et *nouchader* en persan , la montagne au sud de Korgos est si abondante en

---

Byrké boulak, on voit un espace de 100 li de circonférence, qui est couvert de cendres volantes ; si l'on
y jette la moindre chose, une flamme éclate et consume tout en un clin-d'œil. Quand on y lance une
pierre, on en voit sortir une fumée noire. En hiver,
la neige ne s'y maintient pas. On appelle ce lieu la
Plaine enflammée. Les oiseaux n'osent pas voler au-
dessus.

Sur la frontière qui sépare la province d'Ili du
district d'Ouroumtsi, on trouve un gouffre d'environ 90 li de circonférence. De loin, il paraît couvert
de neige ; le terrain, qui ressemble à une surface
imprégnée de sel, s'endurcit lorsqu'il a plu. Quand
on y jette une pierre, on entend un bruit pareil à
celui que ferait un bâton qui frappe sur du fer.
Si un homme ou un animal marche sur cet
abîme, il est englouti à jamais. On l'appelle la
Fosse des cendres.

cette espèce de sel, que souvent les habitans
du pays l'emploient pour payer leur tribut

Ouroumtsi est entouré, à l'ouest par une chaîne
de monts sablonneux, très riches en houille.

La grande géographie impériale de la Chine fait
encore mention d'une montagne de sel ammoniac,
appelée *Naochidar oulan dabsoun oola*, en mongol la
montagne du sel ammoniac et du sel rouge. Elle la
place en dehors de la frontière orientale de la prin-
cipauté de Khoten au milieu du désert de sable. A
l'est, poursuit-elle, des montagnes contiguës vont
rejoindre la chaîne du *Nanchan* du district de *Ngan
si tcheou* de la province chinoise de Kan sou.

Les géographes arabes du moyen âge désignaient,
sous le nom d'*al-Botom*, les montagnes de la partie
orientale du district de la ville de *Soutrouchna* ou
Osrouchna, actuellement détruite, et qui était située à moitié chemin de Samarkand à Ferghana.
La ville de Zamin, de nos jours, appartenait à ce
canton. Ibn Haukal place dans ces montagnes un

à l'empereur de la Chine. Dans une nouvelle *Description de l'Asie centrale* publiée

---

puits de feu et de sel ammoniac , dont il donne la
description suivante : « Dans le mont *Botom* est une
espèce de caverne , sur laquelle on a construit un
édifice comme une maison dont les portes et les fe-
nêtres sont fermées. Il y a une source de laquelle
s'élève une vapeur qui , pendant le jour , ressemble
à de la fumée , et pendant la nuit à du feu. Quand
la vapeur se condense, elle forme le sel ammoniac
(*Nouchadir*) qu'on recueille. Dans cette voûte , la
chaleur est si forte, que personne n'y peut entrer
sans se brûler , à moins d'être vêtu d'un habit épais
trempé dans l'eau ; (ainsi préservé) on entre rapi-
dement , et on prend autant de ce sel qu'on en peut
saisir. Ces vapeurs changent de temps en temps de
place ; pour les retrouver , il faut faire des fosses ,
jusqu'à ce qu'elles se montrent de nouveau. Souvent on fouille inutilement , et il faut recommencer
le travail à un autre endroit pour les rencontrer.

à Péking en 1777, on lit ces mots : « La province de Koutché produit du cuivre, du salpêtre, du soufre et du sel ammoniac. Cette dernière substance vient d'une montagne d'ammoniac, au nord de la ville de Koutché, qui est remplie de cavernes et de crevasses. Au printemps, en été et en automne, ces ouvertures sont remplies de feu, de sorte que pendant la nuit, la montagne paraît comme illuminée par des milliers de lampes. Alors personne ne peut s'en approcher. Ce n'est qu'en hiver, lorsque la grande quantité de neige a amorti le feu, que les indigènes travaillent à ramasser le sel am-

---

S'il n'y avait pas d'édifice construit sur ces fosses pour empêcher que la vapeur se disperse, elle ne nuirait pas à ceux qui s'approchent ; mais ainsi renfermée, elle brûle par sa chaleur intense ceux qui y entrent ». KL.

moniac, et pour cela ils se mettent tout
nus. Ce sel se trouve dans les cavernes, sous
forme de stalactites, ce qui le rend difficile
à détacher. » Le nom de sel tartare donné
anciennement dans le commerce au sel
ammoniac, aurait dû diriger depuis long-
temps l'attention sur les phénomènes volcaniques de l'Asie intérieure.

M. Cordier, dans sa lettre à M. Abel
Rémusat, *sur l'existence de deux volcans
brûlans dans la Tartarie centrale*, nomme
le Pè chan une solfatare analogue à celle de
Pouzzoles (1). Dans l'état où l'ouvrage cité
plus haut le décrit, le Pè chan pourrait
bien ne mériter que le nom d'un volcan
qui ne brûle plus, quoique les phénomènes ignés manquent aux solfatares que

_____

(1) *Journal asiatique.* T. V (1824), p. 44—50.

j'ai vues, telles que celles de Pouzzoles,
du cratère du pic de Ténérife, du Rucu
pichincha, et du volcan de Jorullo; mais
des passages d'historiens chinois plus anciens qui racontent la marche de l'armée
des Hioung nou dans le premier siècle de
notre ère, parlent de masses de pierres en
fusion qui coulent à la distance de quelques milles; ainsi on ne peut, dans ces
expressions, méconnaître des éruptions
de lave. La montagne d'ammoniac entre
Koutché et Korgos a aussi été un volcan
en activité, dans la plus stricte acception
de ce mot : un volcan qui vomissait des
torrens de lave, au centre de l'Asie; à
3oo lieues géographiques, à 15 par degré (1), de la Mer Caspienne à l'ouest, à

_____

(1) La distance du Pè chan à la mer d'Aral est
de 225 lieues, en adoptant pour la longitude de la

275 de la mer Glaciale au nord, à 405 du
Grand-Océan à l'est, à 330 de la mer des
Indes au sud. Ce n'est pas ici le lieu de
discuter la question relative à l'influence
du voisinage de la mer sur l'action des
volcans ; nous appelons seulement l'attention sur la position géographique des volcans de l'Asie intérieure , et sur leurs rapports réciproques. Le Pè chan est éloigné
de trois à quatre cents lieues de toutes les
mers. Lorsque je revins du Mexique , de

---

côte occidentale de ce lac 56° 8′ 59″, sous les 45°
38′ 30″ de latitude ; détermination fondée sur l'observation des différences d'ascension droite de la
lune et des étoiles par M. Lemm, astronome de
l'expédition de M. Berg. C'est la seule observation
astronomique qui ait été faite sur les bords du lac
Aral. La position du Pè chan est rapportée à celle
d'Aksou, ville que les missionnaires placent par
76° 47′ de longitude.

célèbres géognostes me témoignèrent leur
étonnement en m'entendant parler de l'é-
ruption volcanique de la plaine de Jorullo,
et du volcan de Popocatepetl encore en
activité ; et cependant la première n'est
qu'à 22 lieues de distance de la mer, et le
second à 32 lieues. Le Djebel Koldaghi,
montagne conique et fumante du Kordo-
fan, dont on entretint M. Ruppel à Dongola, est à 112 lieues de la Mer Rouge (1),
et cette distance n'est que le tiers de celle
à laquelle le Pè chan qui, depuis 1700 ans
a vomi des torrens de lave, se trouve de
la mer des Indes. A la fin de ce mémoire,
nous ferons mention d'une nouvelle éruption du pic de Tolima dans la chaîne des
Andes de la Nouvelle-Grenade, éruption

_____

(1) *Nouvelles Annales des Voyages* par Eyriès et
Malte-Brun, tome XXIV, p. 282.

d'un sommet qui appartient aux volcans
disposés en série , et qui fait partie de la
chaîne centrale à l'est du Cauca, la plus
éloignée de la mer, et non de la chaîne
occidentale qui borne le Choco, si riche en
or et en platine (l'Oural de la Colombie).
L'opinion suivant laquelle les Andes n'offrent aucun volcan en activité , dans les
parties où cette chaîne s'éloigne de la mer,
n'est nullement fondée. Le système des
montagnes de Caracas qui se dirigent de
l'est à l'ouest, ou la chaîne du littoral de
Venezuela , est ébranlé par de violens
tremblemens de terre, mais n'a pas plus
d'ouvertures qui soient en communication
permanente avec l'intérieur de la terre, et
qui vomissent de la lave, que n'en a la
chaîne de l'Himâlaya, qui n'est guère à
plus de cent lieues de distance du golfe de
Bengale, ou que n'en ont les Ghâts, que

l'on peut presque appeler une chaîne cô-
tière. Lorsque le trachyte n'a pas pu péné-
trer à travers les chaînes quand elles ont
été soulevées, elles n'offrent pas de crevasses ; il ne s'y est pas ouvert des conduits
par lesquels les forces souterraines puissent
agir d'une manière permanente à la surface. La circonstance remarquable du
voisinage de la mer partout où des volcans
sont encore en activité, circonstance que
l'on ne peut nier en général, semble avoir
pour cause moins l'action chimique de
l'eau que la configuration de la croûte du
globe et le défaut de résistance que dans
le voisinage des bassins maritimes, les
masses de continent soulevées, opposent
aux fluides élastiques, et à l'issue des matières en fusion dans l'intérieur de notre
planète. De véritables phénomènes volcaniques peuvent se manifester, comme dans

l'ancien pays des Eleuts, et à Tourfan au
sud du Thian chan, partout où par d'anciennes révolutions, une fissure dans la
croûte du globe, s'est ouverte loin de la
mer. Les volcans en activité ne sont plus
rarement éloignés de la mer que parce que
partout où l'éruption n'a pas pu se faire
sur la déclivité des masses continentales
vers un bassin maritime, il a fallu un concours de circonstances très extraordinaire,
pour permettre une communication permanente entre l'intérieur du globe et l'atmosphère et pour former des ouvertures,
qui, comme les sources thermales intermittentes, épanchent, au lieu d'eau, des
gaz et des terres oxidées en fusion, c'est-
à-dire des laves.

A l'est du Pè chan, le Mont Blanc du
pays des Eleuts, toute la pente septentrio-

nale du Thian chan offre des phénomènes
volcaniques : « on y voit des laves et des
pierres-ponces, et même de grandes solfatares que l'on nomme des lieux brûlans.
La solfatare d'Ouroumtsi a cinq lieues de
circonférence ; en hiver, elle n'est pas
couverte de neige : on la croirait remplie
de cendres. Si l'on jette une pierre dans ce
bassin, il s'en élève des flammes et une
fumée noire qui dure long-temps. Les oiseaux ne se hasardent pas à voler au-dessus
de ces lieux brûlans. » A l'ouest et à 45
milles du Pè chan, il y a un lac (1) d'une

---

(1) Selon la carte de l'Asie intérieure de Pansner,
sa longueur est de 17 à 18 lieues, et sa largeur de 6
à 7 ; il s'appelle en kalmuk *Temourtou* (le ferrugi-
neux), en kirghiz *Touz koul*, en chinois *Yan hai*
(lac salé), ou *Je hai*, et en turc *Issi-koul* (lac
chaud). Klaproth. *Mémoires relatifs à l'Asie.* T. II,

étendue assez considérable , et dont les différens noms en chinois , en kirghiz , en kalmuk , signifient eau chaude , salée et ferrugineuse.

Si nous franchissons la chaîne volcanique du Thian chan , nous trouvons à l'est-sud-est du lac Issi-koul , dont il est si souvent question dans les itinéraires que j'ai recueillis, et du volcan du Pè chan , le volcan de Tourfan que l'on peut nommer aussi le volcan de Ho tcheou (ville de feu), car il est très près de cette ville (1). M. Abel Rémusat a parlé en détail de ce

p. 358, 416, t. III , p. 299. M. Abel Rémusat regarde le Balkachi comme le lac chaud des Chinois. (*Journal asiatique* , T. V , p. 45 , note 2.)

(1) Ho tcheou , ville aujourd'hui détruite était à une lieue et demie à l'est de Tourfan.

volcan dans son *Histoire* de Khoten et
dans sa lettre à M. Cordier (1). Il n'y est
pas question de masses de pierres en fusion
(torrens de laves) comme au Pè chan,
mais « on en voit continuellement sortir
une colonne de fumée ; cette fumée est
remplacée le soir par une flamme semblable à celle d'un flambeau. Les oiseaux
et les autres animaux qui en sont éclairés,
paraissent de couleur rouge. Pour y aller
chercher le nao cha ou sel ammoniac,
les habitans du pays mettent des sabots,
car des semelles de cuir seraient trop vite

---

(1) L. c. *Description* de Khoten. p. 19 — 91.
M. Abel Rémusat nomme le volcan du Pé chan, au
nord de Koutché, volcan de Bichbalik. Du temps
des Mongols en Chine, tout le pays entre la pente
septentrionale du Thian chan et la petite chaîne du
Tarbagataï s'appelait Bichbalik.

brûlées. » Le sel ammoniac ne se recueille
pas seulement au volcan de Ho tcheou,
comme une croûte ou un sédiment tel que
les vapeurs qui s'exhalent l'ont déposé ;
les livres chinois parlent aussi « d'un liquide verdâtre que l'on ramasse dans des
cavités ; on le fait bouillir et évaporer, et
l'on obtient le sel ammoniac sous la forme
de petits pains de sucre d'une grande
blancheur et d'une pureté parfaite. »

Le Pè chan et le volcan de Ho tcheou
ou de Tourfan sont éloignés l'un de l'autre
de 105 milles dans la direction de l'est à
l'ouest. A peu près à 30 milles à l'ouest du
méridien de Ho tcheou, au pied du gigantesque Bokhda-oola, se trouve la grande
solfatare d'Ouroumtsi. A 45 milles au
nord-ouest de celle-ci, dans une plaine
voisine des rives du Khobok, qui s'écoule

dans le petit lac Darlaï , s'élève une colline
« dont les fentes sont très chaudes sans cependant exhaler de la fumée (des vapeurs
visibles). L'ammoniac se sublime dans ces
crevasses en une écorce si solide, que l'on est
obligé de briser la pierre pour la recueillir. »

Ces quatre lieux connus jusqu'à présent,
Pè chan, Ho tcheou, Ouroumtsi et Khobok , qui offrent des phénomènes volcaniques avérés dans l'intérieur de l'Asie , sont
éloignés de 75 à 80 milles au sud du
point de la Dzoungarie chinoise où je me
trouvais au commencement de 1829. En
jetant les yeux sur la carte jointe à ce mémoire, on voit que l'Aral-toubé, mont
conique et insulaire du lac Ala-koul qui
était encore en ignition dans les temps historiques , et dont les itinéraires recueillis à
Semipolatinsk font mention , se trouve dans

le territoire volcanique de Bichbalik. Cette
montagne insulaire est située à l'ouest de
la caverne d'ammoniac de Khobok ; au
nord du Pè chan qui jette encore des lueurs
et jadis vomit de la lave, et à une distance
de 45 milles de chacun de ces deux points.
Du lac Ala-koul au lac Dzaïsang où les
Cosaques russes de la ligne de l'Irtyche
exercent le droit de pêcher, grace à la con-
nivence des Mandarins, on compte 38
milles. Le Tarbagataï au pied duquel est
situé Tchougoutchak, ville de la Mongolie
chinoise, et où le docteur Meyer, docte et
actif compagnon de M. Ledebour, essaya
inutilement, en 1825, de pousser ses recherches d'histoire naturelle, s'étend au sud-
ouest du lac Dzaïsang vers l'Ala-koul (1).

---

(1) Je ne veux exprimer aucun doute sur la réa-
lité de l'*Ala-koul* et de l'*Alaktougoul-noor*, lacs

Nous connaissons ainsi dans l'intérieur de
l'Asie un territoire volcanique dont la sur-

---

voisins l'un de l'autre : mais il me semble singulier
que les Tatars et les Mongols qui parcourent fréquemment ces contrées, et que l'on a pu interroger
à Semipolatinsk ne connaissent que l'Ala-koul, et
prétendent que l'Alaktougoul-noor ne doit son
existence qu'à une confusion de nom. M. Pansner
dans sa carte russe de l'Asie intérieure qui mérite
toute confiance pour les pays au nord du cours de
l'Ili, fait communiquer l'Ala-koul, proprement
Ala-ghoul (lac bariolé), par cinq canaux avec
l'Alaktougoul. Peut-être l'isthme qui sépare ces lacs
est-il marécageux, ce qui aura fait dire qu'il n'y a
qu'un seul lac. M. Kazimbek, persan de naissance et
professeur à Kazan, soutient que Toughoul est une
négation tartaro-turque, et qu'ainsi Alak-tougoul
signifie le lac non bariolé, comme Ala tau-ghoul
le lac au mont bariolé. Peut-être ces noms Ala-koul
et Ala-tougoul veulent-ils dire seulement lac voisin
de l'Ala-tau, montagne qui s'étend du Turkestan

face est de plus de 2,5oo milles géographiques
carrées, et qui est éloigné de trois à quatre

à la Dzoungarie. Sur la petite carte publiée par les
missionnaires anglais du Caucase, on ne voit pas
l'Ala-koul; on y trouve seulement un groupe de
trois lacs : le Balkachi, l'Alak-tougoul et le Kour-
ghé. Au reste, l'opinion suivant laquelle le voisinage des lacs considérables produit dans l'intérieur
de l'Asie pour les volcans éloignés de la mer le
même effet que l'Océan, est dénuée de fondement.
Le volcan de Tourfan n'est entouré que de lacs in-
signifians, et, ainsi qu'on l'a observé plus haut, le
lac Temourtou ou Issi-koul, qui n'a pas deux fois
l'étendue du lac de Genève, est à 25 milles du volcan du Pè chan. A. H. — (Les cartes chinoises représentent les deux lacs comme un seul, ayant une
montagne au milieu. Ce lac s'apelle *Ala-koul,* sa
partie orientale porte le nom d'*Alak-tougoul-nor* et
son golfe occidental, celui de *Chibartou kholaï.*
Voyez la lettre de M. *Kazim bek*, à la fin de ce
mémoire. KL.)

cents lieues de la mer ; il remplit la moitié
de la vallée longitudinale située entre le
premier et le second système de montagnes.
Le siège principal de l'action volcanique
paraît être dans le Thian chan. Peut-être
le colossal Bokhda oola est-il une montagne trachytique comme le Chimborazo.
Du côté du nord du Tarbagataï et du lac
Darlaï l'action devient plus faible ; cependant M. Rose et moi nous avons trouvé
du trachyte blanc le long de la pente sud-
ouest de l'Altaï, sur une colline campani-
forme, à Ridderski et près du village de
Boutatchikha.

Des deux côtés, au nord et au sud du
Thian chan, on ressent de violens tremblemens de terre. La ville d'Aksou fut entièrement détruite au commencement du
18° siècle, par une commotion de ce genre.

M. Eversman, professeur à Kazan, dont
les voyages répétés ont fait connaître la
Boukharie, entendit raconter par un Tatar qui le servait et qui connaissait bien
le pays entre les lacs Balkachi et Ala-koul,
que les tremblemens de terre y étaient très
fréquens. Dans la Sibérie orientale, au
nord du parallèle du 5o° degré, le centre
du cercle des secousses paraît être à Irkoutsk, et dans le profond bassin du lac
Baïkal, où sur le chemin de Kiakhta, surtout sur les bords du Djida et du Tchikoï,
on remarque du basalte avec de l'olivine,
de l'amygdaloïde cellulaire, de la chabasie
et de l'apophyllite (1). Au mois de février

---

(1) Le docteur Hess, adjoint de l'académie des
sciences de Saint-Pétersbourg, qui de 1826 à 1828
a séjourné sur les bords du Baïkal et au sud de ce
lac, nous fait espérer une description géognostique

1829, Irkoutsk souffrit beaucoup de la violence des tremblemens de terre ; au mois d'avril suivant, on ressentit aussi à Ridderski des commotions que l'on observa dans la profondeur des mines où elles furent très vives. Mais ce point de l'Altaï est la limite extrême du cercle des secousses ; plus à l'ouest, dans les plaines de la Sibérie, entre l'Altaï et l'Oural, ainsi que dans toute la longue chaîne de l'Oural, on n'a ressenti jusqu'à présent aucun ébranlement. Le volcan du Pè chan, l'Aral-toubé, à l'ouest des cavernes de sel ammoniac de Khobok, Ridderski et la partie du petit Altaï riche en métaux sont situés généralement dans une direction

---

d'une partie du pays remarquable qu'il a parcouru. Il a souvent vu à Verkhnei-Oudinsk le granit alterner plusieurs fois avec des conglomérats.

qui dévie peu de celle du méridien. Peut-
être l'Altaï est-il compris dans le cercle
des commotions du Thian chan, et les secousses de l'Altaï au lieu de venir seulement de l'est ou du bassin du Baïkal, arrivent également du territoire volcanique
de Bichbalik. Sur plusieurs points du nouveau continent, il est évident que les cercles de secousses se coupent, c'est-à-dire
que le même territoire reçoit la commotion
terrestre, périodiquement de deux côtés
différens.

Le territoire volcanique de Bichbalik
est à l'est du grand affaissement de l'ancien
monde. Des voyageurs qui sont allés d'O-
renbourg en Boukharie racontent qu'à
Soussac, dans le Kara-tau qui forme avec
l'Ala-tau un promontoire au nord de la
ville de Tharaz ou Turkestan, sur le bord

de l'affaissement, des sources thermales
jaillissent. Au sud et à l'ouest du bassin
intérieur nous trouvons deux volcans encore en activité : le Demavend, visible de
Tehran, et le Séïban de l'Ararat (1) couvert de laves vitreuses. Les trachytes, les
porphyres et les sources thermales du Caucase sont connues. Des deux côtés de
l'isthme, entre la mer Caspienne et la mer
Noire, les sources de naphte et les salses
ou volcans de boue sont nombreux. Le
volcan boueux de Taman dont Pallas et
MM. Engelhard et Parrot ont décrit la
dernière éruption ignée de 1794, d'après
le récit des Tatars, est, suivant la remarque
très judicieuse de M. Eichwald, « un pen-

(*) La hauteur de l'Ararat est, selon Parrot, de
2,700 toises, celle de l'Elbrouz, suivant Kuppfer,
de 2,560 au-dessus du niveau de l'Océan.

dant de Bakou et de toute la presqu'île d'Abchéron. » Les éruptions ont lieu dans les endroits où les forces volcaniques rencontrent le moins d'opposition. Le 27 novembre 1827, des craquemens et des ébranlemens terrestres très violens furent suivis au village de Jokmali, dans la province de Bakou, à trois lieues de la côte occidentale de la mer Caspienne, d'une éruption de flammes et de pierres. Un emplacement long de 200 toises et large de 150 brûla pendant vingt-sept heures sans interruption, et s'éleva au-dessus du niveau du terrain voisin. Après que les flammes se furent éteintes, on vit jaillir des colonnes d'eau qui coulent encore aujourd'hui, comme des puits artésiens (1). Je me ré-

---

(1) On trouvera à la fin de ce Mémoire des détails sur cette éruption.

jouis de pouvoir remarquer ici que le pe-
riple de la mer Caspienne de M. Eichwald
qui doit bientôt paraître contient des observations physiques et géognostiques très
importantes, notamment sur la connexion
des éruptions ignées avec l'apparition des
sources de naphte et les couches de sel
gemme, sur les blocs de roche calcaire
lancés à de grandes distances, sur l'exhaussement et l'affaissement du fond de la
mer Caspienne qui durent encore, sur le
passage du porphyre noir en partie vitrifié
et contenant des grenats (melapyre) (1), à

---

(1) Voyez l'excellente description du melapyre
de Friedrichsroda dans les montagnes de Thurin-
ge qui se trouve dans les *Geognostische Briefe*
de M. de Buch, p. 205. Le sommet du cône de
Potosi, si riche en argent, est également un porphyre avec des grenats; j'ai aussi trouvé ces der-

travers le granit, le porphyre quartzeux
rougeâtre, la syénite très noire et le calcaire, dans les monts Krasnovodsk baignés
par la baie du Balkhan, au nord de l'ancienne embouchure de l'Oxus (Amou-
dèria). Nous apprendrons par le tableau
géognostique de la côte orientale de la mer
Caspienne, où l'île Tchabekan offre des
sources de naphte de même que Bakou et
que les îles situées entre cette ville et Salian,
quelles espèces de roches cristallisées sont
cachées sous les roches à couches horizontales de la presqu'île d'Abcheron, où l'action du feu intérieur se fait toujours sentir,
et où elles n'ont pu encore se soulever assez

niers dans les trachytes d'Itzmiguitzan, sur le plateau du Mexique et dans les trachytes noirs et
semblables à des scories d'Yana Urcu, au pied du
Chimborasso.

pour paraître au jour. Les porphyres du
Caucase qui se prolongent de l'ouest-nord-
ouest à l'est-sud-est, position et direction
que j'ai mentionnées plus haut à cause de
la connexion présumée de cette chaîne
avec la fente du Thian chan ; ces porphyres,
dis-je, se montrent de nouveau traversant
toutes les roches presqu'au milieu du grand
affaissement de l'ancien monde, à l'est de
la mer Caspienne, dans les montagnes de
Krasnovodsk et de Kourreh. De nouvelles
recherches et les traditions des Tatars ap-
prennent que l'existence des sources de
naphte a été précédée d'éruptions ignées.
Plusieurs lacs salés des deux côtes opposées
de la mer Caspienne ont une température
élevée ; et des blocs de sel gemme traversés
par de l'asphalte se forment, ainsi que
M. le Dr Eichwald le dit avec beaucoup de
sagacité, « par l'effet d'une action volca-

nique soudaine, comme au Vésuve (1),
dans les Cordillères de l'Amérique méridionale et dans l'Adzarbaïdjan, ou également sous nos yeux par celui de l'action
lentement prolongée de la chaleur. »
M. Léopold de Buch a depuis long-temps
fixé l'attention sur la connexion des forces
volcaniques avec les masses de sel gemme
enhydre, qui traversent tant et de si diverses formations à couches horizontales.

---

(1) *Annales du musée d'histoire naturelle* (cinquième année , n° 12, p. 436). Dans une éruption
de ce volcan, en 1805, nous avons trouvé, M. Gay-
Lussac et moi, de petits fragmens de sel gemme
dans la lave qui venait de se refroidir. Mes itinéraires tatares parlent également de sel gemme dans
le voisinage d'un mont volcanique du Thian chan
au nord d'Aksou, entre le poste de Tourpa-gad et
le mont Arbab.

(134)

Tous ces phénomènes donnent quelque importance à une observation que j'ai eu occasion de faire sur les bords du grand Océan à Huaura entre Lima et Santa (1). Des porphyres trachytiques très ressemblans à la phonolithe, y percent en groupes de rochers des masses immenses de sel gemme qui, de même que dans le désert d'Afrique et dans le step des Kirghiz à Iletzki-Satchita, sont exploitées à ciel ouvert comme des carrières de pierres. Des formations métalliques accompagnent, comme résultats constans des phénomènes volcaniques, la production du sel gemme, en petite quantité, il est vrai, mais avec une grande diversité; par exemple, du soufre et des pyrites cuivreuses, du fer

_____

(1) Humboldt. — *Essai géognostique sur le gisement des roches dans les deux hémisphères.*

spathique et de la galène, cette dernière
en masses considérables et tenant un peu
d'argent : dans l'Amérique méridionale,
au Pérou, dans la province de Chacha-
poyas, sur la pente occidentale de la Cordillère, à l'endroit où les eaux du Pilluana
et du Guallaga traversent dans l'étendue
d'une lieue une couche de sel gemme. Ces
considérations n'excluent pas un autre
genre de production de bancs de sel par la
vaporisation ordinaire dans l'atmosphère,
par exemple dans les grands lacs salés à
saturation, du step intérieur entre le Iaïk
et le Volga.

Nous avons vu précédemment que les
cercles des commotions terrestres dont le
lac Baïkal ou les volcans du Thian chan
sont le centre, ne s'étendent dans la Sibérie occidentale que jusqu'à la pente ouest

de l'Altaï, et ne franchissent pas l'Irtyche
ou le méridien de Semipolatinsk. Dans la
chaîne de l'Oural, on ne ressent pas de
secousses de tremblemens de terre; aussi,
malgré la richesse des roches en métaux (1), n'y trouve-t-on ni basalte à olivine, ni trachytes proprement dits, ni
sources minérales. Le cercle des phénomènes de l'Adzarbaïdjan qui renferme la
presqu'île d'Abchéron ou le Caucase, s'é-
tend souvent jusqu'à Kizlar et Astrakhan.

Il en est de même du bord de la grande
dépression dans l'ouest. Si nous portons
nos regards de l'isthme caucasien au nord

---

(1) Au contraire, la pente méridionale du petit
Altaï a une source chaude dans le voisinage du village de Fykælka, à 10 verst de la source du Katounia. (Ledebour. — T. II, p. 521.)

et au nord-ouest, nous arrivons dans le
territoire des grandes formations à couches horizontales et tertiaires qui remplis-
sent la Russie méridionale et la Pologne.
Dans cette région, les roches de pyroxène
perçant le grès rouge de Iekaterinoslav(1),
l'asphalte et les sources imprégnées de gaz
sulfureux, indiquent d'autres masses cachées sous la formation de sédiment. On
peut également citer comme un fait important, que dans la chaîne de l'Oural, si
abondante en serpentine et en amphibole,
et qui sert de limite entre l'Europe et l'Asie,
une véritable formation amygdaloïdale se
montre à Griasnouchinskaïa vers son extrémité méridionale. Les régions des cra-

_____

(1) J'en parle d'après la belle collection de
M. Kovalevski, ingénieur en chef des mines.

tères de la lune (1), rappellent l'affaissement de l'Asie occidentale. Un si grand
phénomène ne peut avoir été produit que
par une cause très puissante agissant dans
l'intérieur de la terre. Cette même cause
en formant la croûte du globe par des soulèvemens et des affaissemens brusques, a
probablement, par une action latérale
continuée graduellement, rempli de métaux les fentes de l'Oural et de l'Altaï.
L'abondance de l'or dans les parois des
fissures, sur le mur et le toit du filon, est
peut-être devenue plus considérable par
des influences atmosphériques (2), ou par

(1) On doit distinguer les montagnes, comme
Conon et *Aratus*, des pays de cratères tels que *Mare
Crisium*, *Hipparque* et *Archimedes*, qui sont beau-
coup plus grands que la Bohême.

(2) Voyez mon *Essai Politique sur la Nouvelle*

la moindre pression qu'éprouvaient les vapeurs élastiques vers l'affleurement des filons à de moindres profondeurs, de sorte que la destruction des couches supérieures, et des masses de filons appartenant aux affleuremens, ont pu fournir plus d'or aux terrains de rapport, qu'on ne pourrait le supposer d'après l'exploitation actuelle des filons encore existans. Les alluvions fragmentaires d'or, de platine, de cuivre et de cinabre, sont mêlées sur les hauteurs de l'Oural avec les mêmes ossemens fossiles des grands animaux terrestres du

---

Espagne (2ᵉ édition), t. III, p. 195, sur une influence semblable de l'atmosphère pour ennoblir les couches métalliques de Guanaxuato qui, au commencement du 19ᵉ siècle, fournissaient plus d'un million de marcs d'argent.

monde primitif, que l'on trouve dans les
plaines basses de la Sibérie, sur les rives
de l'Irtyche et du Tobol. L'objet de ce
mémoire ne peut être de rechercher comment ce mélange d'ossemens de rhino-
céros des plaines, indique l'époque du
soulèvement de la chaîne de l'Oural, et
de la destruction des masses supérieures
de filons aurifères. Nous nous bornerons
ici à observer par rapport aux idées ingénieuses que M. Elie de Beaumont a
développées récemment sur l'âge relatif et
le parallélisme des systèmes de montagnes
contemporains, que dans l'intérieur de
l'Asie aussi, les quatre grandes chaînes
qui courent de l'est à l'ouest sont d'une
origine totalement différente de celle des
chaînes qui se dirigent du nord au sud,
ou du nord 30° ouest au sud 30° est. La
chaîne de l'Oural, le Bolor ou Belour

tagh (1), les Ghâts du Malabar et le
Kingkhan sont vraisemblablement plus

---

(1) A l'ouest du Belour tagh, dans la continuation du Thian chan, c'est-à-dire, dans l'Ak tagh,
ou al Botom, qui par la chaîne de l'Asférah se rattache au Thian chan proprement dit, et se prolonge
au sud-ouest de Khojend vers Samarcand, le géographe arabe Ibn al Ouardi parle d'une montagne
qu'il nomme Tim (faute de copiste pour *Btm* ou
Botom), qui fume pendant le jour, est lumineuse
pendant la nuit et produit du sel ammoniac et du
zadj, probablement de l'alun. Dans le voisinage, il
y a des mines d'or et d'argent. (V. *Operis cosmo-
graphici* Ibn el Wardi *caput primum; ex codice
upsaliensi edidit* Andreas Hylander Lugd. 1823,
p. 552). Il n'est pas question, dans cet auteur, d'é-
ruption de lave comme au Pè chan; cependant je
doute que ces phénomènes appartiennent simplement à des couches de houille brûlante, comme à
Saint-Étienne dans le Forez où l'on ramasse aussi

modernes que les chaînes de l'Himâlaya
et du Thian chan. Les systèmes d'époques
diverses ne sont pas toujours séparés les
uns des autres par des distances considérables, comme en Allemagne et dans la
plus grande partie du nouveau continent.
Souvent des chaînes de montagnes, ou
des axes d'exhaussement, de direction
dissemblable et d'époques totalement différentes, sont très rapprochées par la nature, semblables en cela aux caractères
d'un monument qui, se croisant dans

---

du sel ammoniac. La montagne lumineuse de Botom
rappelle davantage les éruptions de la côte orientale de la mer Caspienne ; par exemple de l'Abit-
chè, montagne fumante près de la baie de Man-
ghichlak, où les pierres qui entourent le cratère
sont toutes noires et scoriacées. (*Journal Asiatique*,
t. IV, p. 295.)

divers sens, ont été gravés dans des temps différens, et portent en eux-mêmes les traces de leur âge. C'est ainsi que l'on voit dans la France méridionale des chaînes et des exhaussemens ondulés dont les uns sont parallèles aux Pyrénées et les autres aux Alpes occidentales (1). La même diversité des phénomènes géognostiques se manifeste dans les terres hautes de l'Asie intérieure, où des parties isolées paraissent comme entourées et fermées par la répartition en forme de gril des systèmes de montagne.

———

Après avoir donné ces notices sur un volcan de l'ancien continent encore in-

———

(1) Élie de Beaumont : *Recherches sur les révolutions de la surface du globe.* 1830, p. 29, 282.

connu, je vais y ajouter quelques mots
sur un autre qui vient de paraître ou plutôt de se réveiller, ou de redevenir actif;
il se trouve dans la chaîne des Andes du
nouveau continent.

Lorsqu'étant à Ibagué, dans la plaine
de Carjaval, je dessinai et je mesurai
trigonométriquement ce volcan qui forme
un cône tronqué, haut et couvert de neiges
perpétuelles (1), je ne prévoyais pas que

_____

(1) Le 22 septembre 1801. Parmi tous les sommets trachytiques de la chaîne des Andes et des
montagnes du Mexique que j'ai vus, le Cotopaxi est
le seul dont la forme ressemble à celle du pic de
Ténériffe. Ils sont représentés tous deux dans *Vues
des Cordillères et monumens des peuples indigènes
de l'Amérique*, pl. III et IX.

de mes jours il se ranimerait. Je croyais alors qu'il n'avait jeté des flammes que dans les temps qui avaient précédé les époques historiques, et que de même que les collines trachytiques de l'Auvergne, il ne reprendrait jamais son activité.

Au nord du grand nœud des montagnes des sources du Rio-Magdalena, sous le 1 degré 5o' de lat. nord, les Andes se partagent en trois branches, dont l'occidentale, celle qui se rapproche le plus de la mer (Cordillera del Choco), contient sur sa pente occidentale, des couches de débris d'or et de platine; la centrale (Cordillera de Quindiu), sépare la vallée du Cauca de celle du Rio - Magdalena; l'orientale (Cordillera de Suma paz y de Merida), file au nord, entre le plateau de Bogota et les affluens du Meta et de l'Oré-

noque (1). De ces trois branches puissantes,
la centrale est la plus haute et la seule qui
soit couverte de neiges perpétuelles jusqu'au parallèle de 5° 3o′ N. Au point où
elle diminue de hauteur vers le nœud d'Antioquia, la cordillère orientale, celle de
Bogota, commence à s'élever jusqu'à la
hauteur des neiges éternelles, par exemple
dans le Paramo de Chita et dans la Sierra
nevada de Merida. Cette élévation alter-

***

(1) Voyez mon *Tableau géognostique de l'Amé-*
rique méridionale : dans *Voyage aux régions équi-*
noxiales, T. III, p. 2o3, 2o4, 2o7. J'ai représenté
cette division et cette ramification d'un immense
système de montagnes, le plus étendu du globe
dans une carte encore inédite et intitulée *Esquisse*
hypsométrique des nœuds des montagnes et des rami-
fications des Andes depuis le cap Horn jusqu'à l'isthme
de Panama et à la chaîne littorale de Venezuela. La
gravure de cette carte est terminée depuis 18 2 7.

native, ce rapport entre les branches
d'une même souche, indiquent peut-être
l'effet des forces souterraines des fluides
élastiques qui ont agi par deux crevasses
(filons accompagnant), soit en soulevant
seulement le sol, soit en produisant des
volcans trachytiques dans les endroits où
la résistance était moindre.

Vus de Santa-Fè de Bogota, et mieux
encore de deux chapelles placées contre
un mur de rocher au-dessus de la ville,
à 1688 et 1650 toises de hauteur (1), les
paramos de Tolima, Ruiz et Herveo

(1) Nuestra Senora de la Guadeloupe et Nᵃ Sᵃ de
Monserrate. L'élévation de ces chapelles est calculée au-dessus du niveau de la mer. (Bogota 365 toises.
Cette mesure que j'ai donnée a été confirmée par
celles de M. Boussingault.)

(Erve), offrent au lever et au coucher du
soleil un spectacle magnifique. Leur aspect
rappelle celui des Alpes suisses, quand on
les contemple des hauteurs du Jura. Malheureusement ce plaisir n'est généralement
que d'une très courte durée, et en déter-
minant des angles de montagnes et des
azimuths, je fus souvent trompé ; les sommets neigeux qui, à une distance de 30
lieues, sont séparés de la cordillère orientale par le cours du Magdalena, ayant été
cachés par les nuages, avant que j'eusse pu
mettre mes instrumens en ordre. Près de
la pyramide tronquée de Tolima (1), on

---

(1) Tolima, d'après mes observations, est situé
par 4° 46′ de latit. N. et 77° 56′ de longit. à l'ouest
de Paris ; ayant placé Santa-Fé de Bogota par 6° 34′
8′ . (Humboldt. *Recueil d'observations astronomiques*.
T. II, p. 250—261.)

voit d'abord un groupe de petits cônes
(Paramo de Ruiz), et plus au nord, le dos
prolongé de la mesa de Herveo, qui atteint
à la région des neiges perpétuelles. Jusqu'à
présent, le volcan de Puracé près de Popayan (2° 19′ N.), était le dernier en
activité que l'on connût dans la chaîne des
Andes de l'Amérique méridionale, en
allant du sud au nord, et à l'époque de
mon voyage, ce mont trachytique, situé
vis-à-vis de l'ancien volcan de Sotara,
riche en obsidienne, et qui est au nord-
est, n'offrait pas un cratère proprement
dit : on n'y voyait que de petites ouvertures dans lesquelles l'eau imprégnée d'hydrogène sulfuré exhalait des vapeurs avec
un bruit terrible (1). Si du groupe des vol-

_____

(1) Le Puracé et le Sotara sont très près du nœud
de los Robles, où commence la triple ramification

cans de Popayan, le Puracé et le Sotara,
nous suivons au nord la chaîne centrale,
nous trouvons successivement dans la direction du nord 20° ouest, les sommets
neigeux et les paramos de Guanacas, de
Huila, de Baraguan et de Quindiu. Ce
dernier paramo, situé sous les 4° 35′ N.,
est un passage fameux pour aller de la

---

de la chaîne, indiquée plus haut (V. ma carte du
cours de la Madeleine *Atlas géographique.* Pl. 24):
toutefois dans l'acception propre des termes, ils
appartiennent à la chaîne centrale, tout comme les
paramos de Ruiz et de Tolima. Loin de la pente
orientale de la cordillère orientale, au sud-est du
volcan du Puracé et vers les rives du Rio Fragua
(1° 45′ N.), le feu souterrain a trouvé dans une
plaine une issue par une colline que les missionnaires du Rio Caqueta ont vu fumer en allant de
Timana à leurs missions.

vallée de la Madeleine dans celle du Cauca,
ou d'Ibagué à Carthago. Au nord-est de
ce passage, s'élève le groupe des paramos
de Tolima et de Ruiz, groupe dans lequel
au sud-ouest de la ville de Honda, par
conséquent à 42 lieues du volcan de Popayan, presque à moitié chemin de Popayan
au golfe de Darien ou au commencement
de l'isthme de Panama, le feu volcanique a
trouvé récemment une nouvelle communication avec l'atmosphère. En 1826, dans
un temps où Bogota, Honda et la province
d'Antioquia étaient ravagées par d'épou-
vantables tremblemens de terre, un excellent observateur, le docteur Roulin, compagnon du docteur Boussingault, vit, tous
les matins de Santana (1), la fumée s'éle-

_____

(1) Mine d'argent au sud de Mariquita, sur la
pente orientale de la chaîne centrale.

ver en colonne verticale du pic de Tolima.
Ce savant s'exprime ainsi dans une lettre
adressée de Paris, le 4 mai 1829, à l'académie des sciences de cette ville (1) : « Les
habitans n'avaient observé, avant le tremblement de terre de 1826, rien de semblable à cette colonne de fumée. Elle a
donc été comme le signal de l'inflammation,
ou plutôt de la manifestation de l'action volcanique à la surface de la terre.» Peut-être
doit-on considérer le groupe des deux paramos de Tolima et de Ruiz, comme le centre
du cercle des secousses dans lequel sont situés
à l'ouest, la Vega de Supia, à l'est Honda,
et même à une plus grande distance, Santa
Fé de Bogota, capitale de la Colombie.
Mais Honda, tant sont diverses et chan-

---

(1) *Annales de chimie et de physique*, 1829. Décembre, p. 515.

geantes les communications souterraines le
long de la longue fissure sur laquelle s'é-
leva la chaîne des Andes, souffre quelquefois, au temps des éruptions du Cotopaxi (1), éloigné de 102 lieues dans le
sud; et le volcan de Pasto perdit sa colonne
de fumée au moment même où, le 4 février
1797, le plus terrible tremblement de terre
des temps modernes détruisit Riobamba,
situé à 75 lieues plus au sud. J'ai mesuré
trigonométriquement la pyramide de Tolima, et j'ai trouvé son élévation de 1865
toises au-dessus du niveau de la mer. Cette
montagne est par conséquent plus haute
que les nevados du Mexique, et peut-être
la plus élevée de toutes celles de l'hémisphère septentrional du nouveau continent,

_____

(1) Voyez mon *Voyage aux régions équinoxiales*.
T. II, p. 15.

comme le Soratè, l'Ilimani et le Chimborazo sont les plus hautes cimes de son hémisphère méridional.

M. Roulin a trouvé, et ce fait est très
remarquable, dans une *Historia de la con-
quista de Nueva Grenada* , composée en
1623 et encore inédite, que, « le 12 mars
1595, le paramo de Tolima eut une grande
éruption. Elle s'annonça par trois violentes détonations. On vit fondre tout à coup
toute la neige du sommet de la montagne
(comme cela arrive souvent avant les éruptions qui échauffent le cône du Cotopaxi).
Deux petites rivières qui prennent leur
source sur la pente du Tolima, se gonflè-
rent prodigieusement, furent arrêtées un
moment dans leur cours par l'éboulement
des masses de rochers, renversèrent brusquement cet obstacle, et occasionèrent une

grande inondation, en entraînant avec elles
des pierres-ponces et des quartiers de rocs
énormes. Les eaux furent empestées, de
sorte que pendant long-temps on n'y trouva
pas de poisson en vie. » Etaient-elles imprégnées de gaz nuisibles, ou de soufre
et d'acide muriatique, comme celles du
Rio Vinagre à Popayan ? « Je fixe, ajoute
M. Roulin, l'attention sur l'existence de ce
volcan, parce qu'il est éloigné au moins de
40 lieues de la mer, et par conséquent
de tous les volcans en activité, celui qui en
est le plus distant. » Je ne puis acquiescer
entièrement à cette dernière assertion : le
Cotopaxi et le Popocatepetl, pour ne citer
que des volcans d'Amérique, sont plus éloignés de la côte. A la vérité, la longitude
du point de la côte du Choco, situé sous
le parallèle de Tolima entre les caps Cha-
rambira et Corrientes, n'a pas été déter-

minée avec exactitude; cependant on peut,
d'après plusieurs combinaisons, adopter
l'opinion que la côte la plus proche se
trouve à peu près par 79° 42′ de longit. E. :
par conséquent, la différence des méridiens qui exprime en même temps la distance entre le volcan de Tolima et la côte
maritime, est de 1° 46′ (1). A peine à deux
milles au nord du pic de Tolima , s'élève
le Paramo de Ruiz. Mon ami M. Boussingault m'écrit, le 18 juin 1829, de Marmato (2), à son retour du Choco , où il

---

(1) D'après des recherches que j'ai faites pour
ma carte déja gravée, mais encore inédite : *Carte
hydrographique du Choco, depuis les* 3° 30′ *jusqu'aux*
8° 30′ de latitude, je place provisoirement Novita
par 79° 4′ de longit. O., parce que j'ai trouvé pour
Carthage 78° 26′ 39′ .

(2) Dans la province d'Antioquia, à 5° 27′ de latit.

avait examiné les alluvions de platine , ce qui m'a procuré des points importans de comparaison avec l'Oural : « Dites à M. Arago qu'il peut hardiment placer le Paramo de Ruiz au nombre des volcans encore brûlans en activité , qu'il note tous les ans dans l'*Annuaire du bureau des longitudes ;* ce volcan jette constamment de la fumée , et au moment où je vous écris ces lignes , j'aperçois très distinctement la colonne de fumée. » Le Paramo de Ruiz , comme on peut le voir sur ma carte du cours du Rio-Magdalena , est à peine éloigné de deux lieues du Paramo de Tolima. M. Boussingault a-t-il écrit Ruiz pour Tolima , ou bien a-t-il de Marmato , confondu les deux cimes voisines ?

---

au sud de la Vega de Supia , sur la pente orientale de la chaîne occidentale des Andes.

La chaîne centrale des Andes , dans
toute l'étendue que j'ai suivie , est entre
les nœuds de Los Robles et le passage de
Quindiu , couverte de granit, de gneiss et
de mica-schiste , que des masses de trachyte ont percé dans les paramos. Des
sources salées , du gypse et du soufre naturel se trouvent au milieu de ces formations cristallisées. J'ai rencontré , dans le
passage de Quindiu près du Moral, à 1,062
toises au-dessus de la mer , une crevasse
ouverte dans le mica schiste du Quebrada
del Azufral , où du soufre naturel s'était
sublimé, et d'où, en octobre 1801 , s'exhalait une combinaison de gaz si chaud , que
le thermomètre de Réaumur se soutenait
dans cette fente à 38° 2. En me penchant ,
j'éprouvai des pesanteurs de tête et des
étourdissemens. La température de l'atmosphère était alors de 16° 5. Celle du

petit ruisseau qui est imprégné d'hydrogène
sulfuré , et qui se précipite du pic de Tolima , était de 23° 3.

Au printemps de 1827 , M. Boussingault s'est arrêté deux jours à Azufral.
« Vous apprendrez avec intérêt , m'écrit-
il d'Ibagué , que depuis vingt-six ans que
vous avez examiné cette fente ouverte , la
chaleur souterraine a diminué d'une manière surprenante. Présentement le thermomètre ne se soutient dans cette crevasse
qu'à 15° 2 , tandis qu'à l'air libre et à l'om-
bre il marque 18° 6 ; par conséquent , la
chaleur des gaz qui s'en exhalent , a diminué presque de 23°. »

On aurait pu présumer que le pic de Tolima s'étant rallumé, devait produire un
effet contraire dans la quebrada del Azu-

fral, et par conséquent diminuer la température plutôt que l'augmenter. Mais peut-
être les commotions terrestres qui ont précédé l'éruption du volcan ont coupé les
communications qui existaient auparavant
avec les fentes de l'Azufral. Ces changemens
dans la température d'une même crevasse,
de même que dans la nature chimique des vapeurs qui s'en exhalent, sont très communs
au Vésuve, avant et après une éruption.

M. Boussingault a analysé avec beaucoup
d'exactitude la combinaison des gaz qui
s'exhalent des fissures du mica schiste de
Quindiu ; voici le résultat de son travail :

Gaz acide carbonique....	94
Air atmosphérique.......	5
Hydrogène sulfuré.......	1
	100

Cette combinaison indique ce qui se passe au-dessous des roches cristallisées, regardées jusqu'ici comme primitives, et explique suffisamment l'étourdissement que MM. Boussingault et Bonpland et moi avons éprouvé dans la mina del Azufral.

———

La carte des chaînes de montagne et des volcans de l'Asie intérieure jointe à ce mémoire, n'est qu'une ébauche destinée à faciliter l'intelligence de cet écrit. Les bases de mon travail ont été, autant que la petitesse de l'espace me l'ont permis, *l'Asie gravée par M. Berthe* en 1829; la petite *carte de l'Asie centrale* de Klaproth, qui se trouve dans le Tome II des *Mémoires relatifs à l'Asie*; la carte de l'intérieur de l'Asie, en russe par Pansner; la carte du voyage de

Meyendorff en Boukharie; la carte de Waddington, jointe aux mémoires du Sultan
Baber (en anglais); l'esquisse d'une partie
du step des Kirghiz par Meyer, dans le
voyage de Lédebour à l'Altaï; enfin quelques cartes et des itinéraires manuscrits, recueillis en Sibérie. La position des volcans
de l'Asie centrale qui ont été placés avec
soin, et la fixation de quelques hauteurs au-
dessus et au-dessous du niveau de l'Océan,
donnent peut-être un certain intérêt à ma
première ébauche d'une carte des chaînes
de montagnes de l'Asie, et la distinguent de
toutes celles qui ont été publiées jusqu'à
présent.

NOTE SUPPLÉMENTAIRE

DE M. DE HUMBOLDT.

Vivement intéressé à comparer les différens récits des indigènes sur tout ce que je
n'ai pu voir de mes yeux, j'ai prié mon ami
M. Simonov, professeur d'astronomie à
Kazan, et astronome de l'expédition du
capitaine Billinghausen au pôle austral,
de vouloir bien prendre quelques renseignemens sur le terrain volcanique de Bichbalik, entre la chaîne du Thian-chan et le
Haut-Irtyche, auprès du savant professeur
de littérature persane, M. Kazim-beg. Ces
renseignemens ne confirment pas l'existence
d'une montagne qui a jeté du feu dans le
lac Ala-goul même, tel que l'indique l'itinéraire tatar que je me suis procuré à Orenbourg; mais ils font connaître une source

thermale et une caverne près du lac, de laquelle sort un vent impétueux qui effraie les caravanes. Ces contradictions dans les récits des voyageurs tatars sont malheureusement très communes, comme je l'ai éprouvé le long du step des Kirghiz, et aux confins de la Dzoungarie chinoise. Il me suffit d'avoir fixé de nouveau l'attention sur ce pays intéressant entre le lac Balkha-chi, les rives de l'Ilè et Korgos. On va consigner ici la traduction littérale de la note de M. Kazim-beg, écrite en anglais; car ce Persan (fils du grand Mufti d'Oufa), s'est rendu très familière la langue anglaise, pendant son séjour parmi les membres de la société biblique écossaise résidant à As-trakhan. Je ne doute pas que l'ensemble des notices que renferme mon mémoire sur les chaînes de montagnes de l'intérieur de l'Asie, et les notes savantes de M. Klaproth

n'engagent bientôt des voyageurs instruits,
qui visitent aujourd'hui moins rarement
qu'autrefois le Haut-Irtyche, à éclaircir la
topographie des lacs Ala-koul et Alak-tougoul, que le vieux Tatar Sayfoulla regarde
aussi comme deux lacs distincts. Sont-ce
des inondations qui changent par intervalle
la configuration de ces bassins d'eau douce?

Description du lac Ala goul et de la caverne Ouybé.

« Un mollah tatar nommé *Sayfoulla*
« *Kazi*, âgé environ de 70 ans, et qui de-
« puis plusieurs années réside à Semipola-
« tinsk, a fait plusieurs voyages dans ces
« régions ; il a été à Gouldja sur la rivière
« Ili, et connaît bien les lacs *Ala goul* et
« *Alatau goul.* Il m'en a donné la notice

« suivante : Après avoir passé la ville de
« *Tchougoutchak*, la route des caravanes
« se dirige vers l'*Ala goul*, ou lac bigarré,
« nommé ainsi parce qu'il contient trois ro-
« chers assez grands et de différentes cou-
« leurs. Ce lac reste sur la gauche de la
« route. De l'autre côté, à l'ouest du lac,
« est un autre lac, l'*Ala tau goul*. Dans
« celui-ci on voit une montagne blanche
« comme la neige, et beaucoup plus grande
« qu'aucun des rochers de l'Ala goul. (Le
« mot Ala tau goul est ou composé d'*ala* et
« de *tougoul*, c'est-à-dire *non bigarré*, ou
« des trois mots *Ala tau goul*, c'est-à-dire
« un lac contenant une montagne bigarrée;
« car le mollah dit que le mont situé dans
« ce lac a un bel aspect de diverses couleurs,
« quand les rayons du soleil s'y réfléchis-
« sent). Sur ma question, s'il existait quel-
« qu'indice que cette montagne eût été au-

« trefois un volcan (1), et si les Tatars
« et les Kalmuks, passant devant ces lacs,
« offrent un sacrifice à une de ces monta-
« gnes, il m'a répondu qu'il n'avait jamais
« entendu parler d'une chose pareille, rela-
« tivement aux lacs et aux monts qu'ils
« contiennent ; mais il ajouta : Quand on
« a passé l'Ala goul (placé sur la carte
« précisément au sud de l'Ala tau goul),
« on rencontre deux montagnes, le *Joug*
« *tau* (sur les cartes *Kuk-tau*, ou la
« montagne bleue) à droite, et le *Bar-*
« *lyk* à gauche ; la route des caravanes
« passe entre elles deux. Quelques verst au-
« delà de ces montagnes et sur le chemin,
« est une grande caverne souterraine; elle
« porte le nom d'*Ouybé*. Quelquefois, et

---

(1) Ce n'est pas cette montagne, mais un pic de
l'Ala goul qu'on dit volcanique. (H.)

« principalement en hiver, elle produit des
« tempêtes violentes qui durent souvent
« deux jours. L'entrée de cette caverne
« ressemble à celle d'un vaste caveau, et
« personne n'ose y entrer ni même y regar-
« der. Sa profondeur est inconnue à tout
« le monde, à l'exception de Dieu (*Allah*).
« Enfin il décrit cette caverne comme si
« épouvantable, et en termes si extraor-
« dinaires, que je présume qu'elle doit res-
« sembler à peu près à l'*Elden hole* dans
« le Derbyshire. La seule différence est que
« celle-ci se trouve sur le flanc d'une mon-
« tagne, et ne produit ni tempêtes ni vents.
« Le mollah assure que la tempête qui sort
« de l'Ouybé est quelquefois si forte, qu'elle
« emporte tout ce qui se trouve sur son che-
« min et le jette dans le lac voisin. Il paraît
« donc probable qu'autrefois, il y a quelques
« centaines d'années, il sortait du feu et des

« flammes de la caverne d'Ouybé , et que
« c'est par cette raison, ou quelque chose
« de semblable , qu'elle portait le nom
« de volcan. Je dois encore rapporter
« que le mollah avait entendu dire que
« le vent de l'Ouybé était quelquefois
« *chaud* en hiver, et si dangereux, que les
« caravanes, qui arrivent dans le voisinage
« de la caverne, s'arrêtent souvent pendant
« une semaine entière, quand elles suppo-
« sent que les tempêtes doivent avoir lieu,
« et ne continuent leur chemin qu'après
« qu'elles ont cessé.

« Quant à ce qui regarde les sacrifices ,
« le mollah raconte que près du mont
« *Joug tau* ou *Kouk tau* , se trouvent
« deux fontaines, dont l'une est froide et
« l'autre chaude. C'est à cette dernière que
« les Kirghiz et les Kalmuks offrent des sa-

« crifices, parce qu'ils croient que son eau
« guérit presque toutes les maladies. Il est
« donc très vraisemblable que ce que M. le
« baron de Humboldt a entendu dire aux
« Tatars à Orenbourg, relativement aux sa-
« crifices offerts à la montagne du lac *Ala*
« *goul*, est identique avec le rapport du
« mollah Sayfoulla sur les fontaines en
« question.

«, Après avoir reçu de lui les notions
« précédentes, j'ai fait la connaissance d'un
« autre mollah, né à Kachkar, et qui a passé
« avec une caravane devant l'*Ala goul* et
« les monts *Kouk tau* et *Barlyk*. Il con-
« firme tout ce qui a été dit sur l'Ala goul
« et l'Ouybé, etc.

« L'écrivain de ces lignes se char-
« gera très volontiers de faire de nou-

« velles recherches sur tous ces points,
« qu'il paraît important d'éclaircir. Aussi-
« tôt qu'il aura recueilli quelque autre ren-
« seignement, il le mettra, avec le plus
« grand plaisir, sous les yeux de M. le
« baron de Humboldt, duquel il a l'hon-
« neur d'être, etc. »

ALEXANDRE KAZIM BEG.

SUR LES SALSES ET LES FEUX DE BAKOU.

Extrait d'une lettre adressée à M. le baron A. de Humboldt, par M. Lenz, à Saint-Pétersbourg.

———

Les feux de Bakou, vulgairement nommés les *grands feux*, et situés à 15 verst à l'E.-N.-E. de cette ville, sont nommés de préférence, par ses habitans, *Atech-gah,* ou lieux à feu. Il serait à présent très difficile de dire si ces feux se sont allumés d'eux-mêmes. Les gens du pays et les Hindous ignicoles qui s'y sont établis au nombre de vingt environ, prétendent que les feux brûlent depuis la création du monde ; mais on sait que le peuple est enclin à regarder comme existant de toute éternité tout phénomène

qui date de plusieurs générations. Cependant l'éruption qui arriva le 27 novembre
1827, près du village de *Iokmali*, à 14
verst à l'ouest de Bakou, se manifesta
d'abord par une colonne de feu dans un
lieu où on ne voyait pas de flamme auparavant. Cette colonne de feu se soutint
pendant 3 heures, à une hauteur extraordinaire, baissa ensuite jusqu'à celle de 3
pieds, et brûla ainsi pendant 24 heures.
Ce phénomène pourrait faire croire que
les *grands feux* de Bakou auraient eu une
origine semblable; mais il faut observer
qu'à Iokmali l'apparition de cette colonne
de feu fut accompagnée d'une éruption de
limon argileux, qui souleva de deux à trois
pieds tout le terrain qu'il a couvert, sur
une largeur de 200 à 150 toises. Du reste,
l'aspect général de ce lieu démontre que
des éruptions antérieures y ont déja eu

lieu ; l'argile grise de la dernière existe
sur un terrain de même nature, mais qui a
beaucoup plus d'étendue, car c'est une
plaine revêtue d'argile brune, et sur laquelle on ne rencontre aucune trace de
végétation. Ce terrain est incontestable-
ment d'origine volcanique, et l'argile, originairement grise, n'est devenue brune
que parce que le fer qu'elle contient a été
oxidé par l'action continue de l'air atmo-
sphérique. A l'*Atech-gah*, on ne voit pas
cette couche d'argile ; le feu principal
qui brûle dans la cour de l'habitation des
Hindous, sort d'un roc calcaire ou coquillier, qui a une inclinaison de 25° au S.-E.
Le feu sort des fentes, dont il rend les
parois bleuâtres. Actuellement les Hindous ont muré la plupart de ces fissures,
pour réunir le gaz dans quatre bouches
principales. Par conséquent, si le gaz qui

brûle dans cet endroit doit son origine à
une colonne volcanique de feu, cette éruption n'a pas été accompagnée d'éjections
argileuses.

Indépendamment *des grands feux*, il y
en a aussi de petits à l'ouest de Bakou,
à peu près à 5 verst de la salse de Iokmali;
mais ceux-ci sont éteints, tous les ans, par
la pluie ou par la neige : du moins nous
les avons trouvés dans cet état quand nous
y sommes allés au mois de mars. Le gaz
sort avec bruit de quelques cavités sèches du sol argileux, ou bien il se dégage
de bulles qui se forment à la surface de
l'eau de neige, dont les parties basses de
ce foyer sont remplies. Avant de l'allumer, j'introduisis un thermomètre dans la
plus grande des cavités sèches, sans qu'il
touchât aux parois; il indiqua la tempéra-

ture du gaz à 12° 0 cent. La flamme qui
sortit de ce trou , après qu'on eut mis le
feu au gaz , avait 2 pieds de hauteur et un
pied de diamètre. Je regarde cette détermination de la température du gaz comme
la plus certaine ; car quoique j'aie essayé
de déterminer celle du gaz des *grands
feux* , elle ne peut être très exacte , puis-
que l'abondance des flammes doit échauf-
fer considérablement la terre , et par conséquent la température du gaz qui en sort.
Dans l'habitation d'un des Hindous , j'ar-
rachai du sol le tuyau , haut de deux pieds,
et par lequel il avait fait monter la flamme
à cette hauteur ; puis j'enfonçai le thermomètre dans le trou à un demi-pied de profondeur : il marqua 28° 8 cent. Dans les
environs des *grands feux* , et à un demi-
verst du foyer principal , j'ai trouvé deux
autres éruptions de gaz , toutes deux assez

faibles , la température de l'une était de
12° 0 , celle de l'autre de 13° 1 . Le manque
presque général de sources dans le territoire de Bakou offre un obstacle puissant à
la détermination de la véritable température de la terre de ce canton. Celles qu'on
y rencontre n'ont presque pas d'eau. On
en voit une dans le voisinage de la ville , à
six pieds du bord de la mer ; sa température était aussi à peu près de 12° 0 cent. :
ce qui correspond assez à celle des sources
de *Derbend* et de *Welikend*.

Une *véritable salse* existe au S.-S.-O.
de Bakou , à 15 verst de la mer. C'est
vraisemblablement la même que Hanway
(*Voyage* , vol. I , p. 284) indique comme
un volcan. Elle est située sur une montagne de forme ronde, et entièrement couverte de limon volcanique et d'un grand

nombre de petits cônes d'argile d'environ
20 pieds de hauteur. Le volcan même occupe la partie du mont la plus élevée; il
est peu actif maintenant, et se distingue du
reste de la surface couverte d'argile brune,
par sa couleur grise, qui ressemble parfaitement à celle de la dernière éruption de
Iokmali. Nous n'y trouvâmes plus son
cône en entier; car, trois ans avant,
sa cime et sa partie occidentale s'étaient
écroulées vraisemblablement par l'action
trop forte du gaz, et peut-être au moment même de l'éruption de Iokmali, qui
n'en est éloigné que de 10 verst. La masse
de limon liquide coule de ce côté, où elle
a formé une plaine. Elle s'est fendue en sé-
chant, et occupe un terrain d'environ
1,000 pieds de longueur sur 200 de largeur. La hauteur du cône doit avoir été
de 200 pieds; celle du sommet de ce qui en

reste est de 100 pieds ; il s'élève à 900 au-
dessus du niveau de la mer. Un de mes
compagnons de voyage avait vu le cône
encore intact, ayant en haut une ouverture qui n'était pas plus grande que le
poing ; elle était remplie de limon liquide ;
des bulles de gaz s'en dégageaient, et
lançaient à deux pieds en l'air le limon
qui, en retombant, augmentait les dimen-
sions du cône. Depuis que celui-ci s'est
écroulé, il s'est formé dans son centre une
cavité de laquelle le gaz sort en deux endroits. Nous l'avons allumé, et il brûlait
encore quand nous avons quitté la montagne. On voit dans le limon de cette salse
de nombreux quartiers de rochers qui
tous paraissent avoir été exposés à une
chaleur plus ou moins grande. On trouve
même, à un verst de la cime de la montagne, des morceaux d'une véritable sco-

rie qui ont 2 à 3 pieds de diamètre et qui
paraissent y avoir été lancés par le volcan.
J'en ai trouvé une grande quantité de petits
morceaux près d'un des petits cônes de la
montagne.

Les *salses qui jettent du limon liquide*
sont principalement situés sur une colline,
près du village de Balkhany, à 12 verst à
l'ouest de l'Ateche-gah, dans le territoire du
naphte noir, dont les puits sont au nombre
de 82. Ces salses sont des fosses remplies de
limon et de naphte noir; les plus grandes ont
2 à 6 pieds de diamètre. Des bulles de gaz
s'y élèvent à des intervalles plus ou moins
longs; ce gaz, quand on l'allume, brûle
avec la même flamme que celui des *grands
feux*, et se consume entièrement : c'est le
lieu auquel Kaempfer a donné le nom de
Purgatoire. De deux côtés de la colline,

on voit des éruptions perpétuelles de gaz
qui sort de terre avec un sifflement.

Les *champs de limon* sont des phénomènes volcaniques entièrement semblables
à l'éruption de Iokmali de 1827. Le gaz y
sort de petits cônes d'argile, hauts de deux
pieds, et dont la cime forme une ouverture remplie de limon. On en voit un
grand nombre à côté les uns des autres.

Une éruption du même genre que celle
de Iokmali, existe sur l'île *Pogorèlaïa
Plita* (le roc brûlé), à l'embouchure
du Kour. Plusieurs personnes qui ont
vu l'une et l'autre, m'ont confirmé leur
identité.

Un vieux pilote persan me raconta ce
qui suit : « Il y a seize ans, il éclata sur

« cette île une flamme immense, dont on
« sentait la chaleur à une distance de six
« verst (?). A présent que ce feu s'est
« éteint, l'île s'est couverte d'un limon li-
« quide et gris, duquel sort une vapeur
« qui a la même odeur que le feu de
« Bakou, et qui cause des maux de tête
« quand on le respire. Ce limon contient
« une grande quantité de pierres qui ont
« l'éclat de l'or. On y trouve aussi du sel
« à terre, mais son goût est amer. » — J'ai
trouvé à Iokmali les mêmes pierres couleur d'or; ce sont des schistes argileux,
avec une légère teinte de marcassite. A
Iokmali, le sol argileux est également
couvert en beaucoup d'endroits de natron. Deux causes ont pu contribuer à
produire le soulèvement de l'île *Pogorèlaïa Plita* au-dessus du niveau de la
mer Caspienne. L'une est l'abaissement

indubitable de cette dernière , abaissement qui , de 1805 à 1830 , a été de 10
pieds ; et l'autre est l'éruption de la salse
qui s'y est manifestée. Je n'ai pu ap-
prendre avec certitude si cette île existait
avant cet évènement. Les témoignages que
j'ai recueillis sur ce point sont contradic-
toires.

Personne dans le voisinage de Bakou
n'a pu me donner des renseignemens sur
l'inflammation spontanée du naphte ; mais
il n'y a pas de doute que plusieurs puits de
naphte ne donnent une libre issue au gaz,
et on entend très distinctement le bruit
que ce dernier produit en sortant de plusieurs de ces puits.

NOTES ET ADDITIONS

AU

MÉMOIRE PRÉCÉDENT,

PAR M. KLAPROTH.

DESCRIPTION

DU

MONT ALTAÏ,

EXTRAITE

DE LA *GRANDE GÉOGRAPHIE DE LA CHINE*

(PAYS DES KALKA.)

———

Le mont *Altaï* est le *Kin chan* des anciens (en chinois mont d'Or) ; il est situé au nord-est de la rivière de *Tes*, et se développe sur une étendue de 2000 li (1). Il est si haut qu'il atteint la voie lactée, et que pendant l'été même, la neige accumulée sur ses cimes ne fond pas. C'est la plus considérable de toutes les montagnes du

———

(1) Ou 250 lieues communes de France.

nord-ouest. Sa cime la plus élevée est au nord-ouest du lac *Oubsa-noor*. Plusieurs branches, dont quatre principales, s'en détachent. L'une va droit au nord, suit le cours de la rivière *Ertsis* (Irtyche) et entre dans l'empire russe. Celle du nord-est borde au nord la rivière *Tes* sur une étendue de 1000 li. Celle de l'est a pour embranchement le mont *Tangnou-oola*; elle se dirige ensuite au nord-est, atteint le versant septentrional du *Khanggaï* et se prolonge au nord jusqu'à la Selengga. Elle envoie, à plus de 100 li au sud, une branche qui plus loin se dirige vers l'est, porte le nom de *Oulan gom oola* et entoure le lac *Kirghiz - noor* au nord. Au sud-est s'élève le mont *Berkinak kokeï oola*, et à l'est l'*Angghi oola* (sur les cartes *Onggou oola*); de son versant méridional sort la rivière *Koungghe-gol*, et du versant nord-est l'*Oukhaï gol.* Plus au nord, est le mont *Malaga oola,* au pied oriental duquel sont les sources du *Bourgassoutaï gol* (1). Au nord-est on voit les hautes montagnes dont le versant méridional donne naissance aux rivières qui forment le *Khara-gol.* La chaîne se dirige alors au nord-est, atteint le versant septentrional du *Khanggai*, et borde les rivières *Khatoun gol* et *Tamir.*

Une autre branche de l'Altaï se dirige vers le sud, décrit plusieurs sinuosités. De son versant occidental découlent *le Narin gol,* le *Khourtsin-gol,* le *Khalioo-tou-gol* , *le Neske-gol,* le *Bordzi-gol,* le *Khaba-gol,* le *Kiran-gol,* le *Khara Ertsis-gol* et *le Kho Ertsis-gol,* tandis que sur l'oriental sont les sources du *Karkira-gol* et

_____

(1) *Gol* en mongol signifie rivière.

du *Khobtou-gol.* La chaîne tourne alors à l'orient ; le *Bouyantou-gol* a sa source sur son versant septentrional, tandis que le *Boula Tsingghil gol* et le *Djaktai-gol* (sur les cartes *Ariktaï gol*) découlent du méridional. A l'est est la *queue du mont Altaï*(1). Au sud-est est le *Taichiri oola.* Plus loin au sud-est la chaîne se divise en deux branches, qui forment comme deux lignes de nuages noirs et servent de bornes au désert sablonneux. L'orientale porte le nom de *Kouké sirké oola*, et s'étend au nord-est jusqu'au *Bayan oola.* La branche méridionale est nommée *Douté dabahn*, puis *Boutaï-oola*, à son pied occidental

---

(1) L'expression mandchoue *Altaï alin doubé*, employée sur les cartes, a la même signification ; *doubé* est le pétiole d'une feuille, la pointe, l'extrémité d'une chose.

est la source du *Tougourik-gol;* plus au sud-est elle est appelée *Bourkan-oola* et *Khonggor adzirgan oola* (1); ses sommets s'étendent encore sans interruption à une distance de plus de 1,000 li, et traversent le step sablonneux, où elles portent le nom d'*Arban khoy or Datcha khada dubahn* (les douze rochers de Datcha); plus au sud-est celui de *Gourban saïkan oola ;* au sud, est le mont *Nomkhon - oola*, et au sud - est, l'*Oubeghen-oola.* La chaîne finit au mont *Kouké Khararoung oola.*

Au sud de la partie de la chaîne appelée *Khonggor adzirgan oola*, s'élèvent les monts *Kitsighené-oola*, *Baïkhonggor-oola*,

---

(1) *Khonggor adzirgan*, signifie en mongol et en kalmuk *étalon alézan brûlé.* Plusieurs montagnes de l'Asie centrale portent le même nom.

Djalatou-oola, qui aboutissent à l'*Itat-tou-oola*. A 80 li au sud de ce dernier, le Thian chan (Mont Céleste) qui vient de l'occident, se dirige au sud-est en suivant une ligne sinueuse, et traverse le step sablonneux sur une étendue de plus de 1000 li.

A l'orient de la chaîne on voit aussi le mont *Khorkhotou oola*, qui se joint au *Se-goun Khaldjan oola;* ce dernier s'étend à 200 li au nord jusqu'au *Kouké Khara-roung oola*. Plus au sud, toutes ces montagnes traversent le step sablonneux, et se réunissent à la chaîne de *Gardjan* (en chinois *In chan*), à 500 li au nord de la courbure du Houang ho, qui entoure ici le pays d'Ordos (1). »

_____

(1) On voit que les Chinois en indiquant du N.-O.

Le mont *Altaï* est situé au nord - est de la ville de *Tarbagatai* (*Tchougout-chak*), il commence au mont *Bidzi dabahn*, dans le département de *Tchin si fou*, (ou *Bar-koul*), passe devant le *Kourtou dabahn* (1), et s'avance en serpentant. Ses cimes orientales sont les plus élevées et les

---

au S.-E. la direction du Grand-Altaï, le font presque se réunir au Thian chan, ce qui correspond parfaitement avec ce que M. de Humboldt dit dans son mémoire (page 30).

(1) Le *Kourtou dabahn* (c'est - à - dire le mont à monceaux de neige), est à 100 [?] li au nord-ouest du Gourbi-dabahn et forme une même chaîne avec lui. Le *Khara Ertsis* [Khara Irtyche] sort de son flanc occidental.

13

plus roides. C'est le plus haut de tous les
monts de la province septentrionale (ou située au nord du Thian chan ou mont Céleste). L'ancien pays des Kalka se trouve à
l'est de cette chaîne, et celui des Dzoûngar à
l'ouest. En 1755, un mandarin y fut envoyé
pour offrir un sacrifice aux esprits de cette
montagne, et depuis ce temps on renou-
velle cette cérémonie tous les ans.

PHÉNOMÈNES

VOLCANIQUES

EN CHINE, AU JAPON,

ET DANS D'AUTRES PARTIES

DE L'ASIE ORIENTALE.

———

Il n'existe pas en Chine de volcans en activité proprement dits; on n'y en connaît pas qui jette des pierres et des cendres, ou qui vomisse des éruptions de lave. Cependant d'autres phénomènes volcaniques se montrent dans cette vaste contrée : ce sont les *Ho tsing* ou puits de feu, et les *Ho chan* ou montagnes ignées, que l'on observe dans divers lieux des provinces de Yun nan, de Szu tchhouan, de

Kouang si et de Chan si ; les deux pre-
mières sont les plus occidentales de la
Chine, limitrophes du Tubet, et par conséquent très éloignées de la mer.

Les plus célèbres *puits à feu* sont ceux
du Szu tchhuan ; ils se trouvent toujours
dans le voisinage des salines qui sont très
fréquentes dans cette province. Nous devons des détails curieux sur ceux du département de *Kia ting fou* (1), ville
située par 101° 28′ 45″ de longit. E. et
29° 27′ de lat. N., à M. Imbert, mission-
naire français, qui réside encore dans
cette contrée. « Il y a, dit-il, quelques
dixaines de mille de puits salans dans

---

(1) Ils sont situés dans les territoires des villes
Young hian   102° 7′ long. E., 29° 33′ lat. N.
Wei yuan hian 102° 12′ —— 29° 38′ ——

un espace d'environ 10 lieues de long sur 4 ou 5 lieues de large. Chaque particulier un peu riche se cherche quelque associé, et creuse un ou plusieurs puits : c'est avec une dépense de 7 à 8000 francs. Leur manière de creuser ces puits n'est pas la nôtre. Ce peuple vient à bout de ses desseins avec le temps et la patience, et avec bien moins de dépense que nous; il n'a pas l'art d'ouvrir les rochers par la mine, et tous les puits sont dans le rocher. Ces puits ont ordinairement 1500 à 1800 pieds français de profondeur, et n'ont que 5 ou 6 pouces de largeur. Voici leur procédé : Si la surface est de terre de trois ou quatre pieds de profondeur, on y plante un tube de bois creux, surmonté d'une pierre de taille qui a l'orifice désiré de 5 ou 6 pouces; ensuite on fait jouer dans ce tube un mouton ou tête d'acier de 300 ou 400 livres

pesant. Cette tête d'acier est crénelée en
couronne, un peu concave au-dessus et
ronde par dessous. Un homme fort, ha-
billé à la légère, monte sur un échafaudage, et danse toute la matinée sur une
bascule qui soulève cet éperon à deux
pieds de haut, et le laisse tomber de son
poids : on jette de temps en temps quelques seaux d'eau dans le trou, pour pé-
trir les matières du rocher et les réduire
en bouillie. L'éperon ou tête d'acier est
suspendu par une bonne corde de rotin,
petite comme le doigt, mais forte comme
nos cordes de boyau : cette corde est fixée
à la bascule ; on y attache un triangle
en bois, et un autre homme est assis à
côté de la corde. A mesure que la bascule
s'élève, il prend le triangle, et lui fait faire
un demi-tour, afin que l'éperon tombe
dans un sens contraire. A midi, il monte

sur l'échafaudage pour relever son cama-
rade jusqu'au soir. La nuit, deux autres
hommes les remplacent. Quand ils ont
creusé trois pouces, on tire cet éperon
avec toutes les matières dont il est sur-
chargé, par le moyen d'un grand cylindre
qui sert à faire rouler la corde. De cette
façon, ces petits puits ou tubes sont très
perpendiculaires et polis comme une glace.
Quelquefois tout n'est pas roche jusqu'à la
fin, mais il se rencontre des lits de terre,
de charbon, etc. ; alors l'opération devient
des plus difficiles, et quelquefois infruc-
tueuse ; car les matières n'offrant pas une
résistance égale, il arrive que le puits perd
sa perpendicularité ; mais ces cas sont rares.
Quelquefois le gros anneau de fer qui sus-
pend le mouton vient à casser ; alors il faut
cinq ou six mois pour pouvoir, avec d'autres moutons, broyer le premier et le

rendre en bouillie. Quand la roche est
assez bonne, on avance jusqu'à deux pieds
dans les vingt-quatre heures. On reste au
moins trois ans pour creuser un puits.
Pour tirer l'eau , on descend dans le puits
un tube de bambou, long de 24 pieds, au
fond duquel il y a une soupape; lorsqu'il
est arrivé au fond du puits, un homme
fort s'assied sur la corde, et donne des
secousses : chaque secousse fait ouvrir la
soupape et monter l'eau. Le tube étant
plein , un grand cylindre en forme de
dévidoir, de 50 pieds de circonférence,
sur lequel se roule la corde, est tourné
par trois ou quatre buffles ou bœufs, et
le tube monte; l'eau donne à l'évaporation
un cinquième et plus, quelquefois un quart
de sel. Ce sel est très âcre : il contient
beaucoup de nitre.

L'air qui sort de ces puits est très inflammable. Si l'on présentait une torche à
l'ouverture du puits, quand le tube plein
d'eau est près d'y arriver, il s'enflammerait
en une grande gerbe de feu de vingt à
trente pieds de haut, et brûlerait la halle
avec la rapidité et l'explosion de la foudre.
Cela arrive quelquefois par l'imprudence
ou par la malice d'un ouvrier qui veut se
suicider en compagnie. Il est de ces puits
dont on ne retire point de sel, mais seulement du feu; on les appelle puits de feu.
En voici la description : Un petit tube en
bambou ferme l'embouchure du puits, et
conduit l'air inflammable où l'on veut;
on l'allume avec une bougie, et il brûle
continuellement. La flamme est bleuâtre,
ayant trois à quatre pouces de haut et un
pouce de diamètre ; une fois allumé, le
feu ne s'éteint plus que par le moyen

d'une boule d'argile qu'on met à l'orifice du
tube, ou à l'aide d'un coup de vent violent
et subit. Le gaz est imprégné de bitume,
fort puant, et donne une fumée noire et
épaisse; son feu est plus violent que le feu
ordinaire. A *Ou thoung khiao* (1), le feu
est trop petit pour cuire le sel. Les grands
puits de feu sont à *Tsee lieou tsing* (2),
bourgade située dans les montagnes, au
bord d'une petite rivière; il y a aussi des
puits de sel creusés de la même manière
qu'à Ou thoung khiao. Dans une vallée
voisine se trouvent quatre puits qui donnent du feu en une quantité vraiment effroyable, et point d'eau. Ces puits, dans
le principe, ont donné de l'eau salée : l'eau

_____

(1) 102° 11′ long. E. , 29° 33′ lat. N.

(2) 102° 29 — 29° 27′ — Le nom de *Thsee lieou
tsing* signifie *Puits qui coule de lui-même*.

ayant tari, on creusa, il y a environ quatorze ans, jusqu'à 3000 pieds et plus de
profondeur, pour trouver de l'eau en
abondance : ce fut en vain ; mais il sortit
soudainement une énorme colonne d'air
qui s'exala en grosses particules noirâtres.
Cela ne ressemble pas à la fumée, mais
bien à la vapeur d'une fournaise ardente :
cet air s'échappe avec un bruissement et
un ronflement affreux qu'on entend fort
loin.

L'orifice du puits est surmonté d'une
caisse de pierre de taille qui a six ou sept
pieds de hauteur, de crainte que, par
inadvertance ou par malice, quelqu'un ne
mît le feu à l'embouchure du puits : ce
malheur est arrivé il y a quelques années.
Dès que le feu fut à la surface du puits, il
se fit une explosion affreuse et un assez

fort tremblement de terre. La flamme qui avait environ deux pieds de hauteur, voltigeait sur la surface du terrain, sans rien brûler. Quatre hommes se dévouent, et portent une énorme pierre sur l'orifice du puits; aussitôt elle vole en l'air : trois hommes furent brûlés, le quatrième échappa au danger : ni l'eau, ni la boue ne purent éteindre le feu; enfin, après quinze jours de travaux opiniâtres, on porta de l'eau en quantité sur la montagne voisine; on y forma un lac, et on lâcha l'eau tout à coup; elle vint en quantité avec beaucoup d'air, et elle éteignit le feu. Ce fut une dépense d'environ 30,000 francs, somme considérable en Chine.

A un pied sous terre, sur les quatre faces du puits, sont entés quatre énormes tubes de bambou, qui conduisent le gaz

sous les chaudières. Chaque chaudière a
un tube de bambou ou conducteur du
feu , à la tête duquel est un tube de terre
glaise, haut de six pouces, ayant au centre
un trou d'un pouce de diamètre. Cette
terre empêche le feu de brûler le bambou.
D'autres bambous, mis en dehors, éclai-
rent les rues et les grandes halles ou cui-
sines. On ne peut employer tout le feu :
l'excédant est conduit hors de l'enceinte
de la saline, et y forme trois cheminées
ou énormes gerbes de feu, flottant et vol-
tigeant à deux pieds de hauteur au-dessus
de la cheminée. La surface du terrain de
la cour est extrêmement chaude, et brûle
sous les pieds : en janvier même, tous les
ouvriers sont à demi-nus, n'ayant qu'un
petit caleçon pour se couvrir. Le feu est
extrêmement vif. Les chaudières de fonte
ont jusqu'à quatre à cinq pouces d'épais-

seur ; elles sont calcinées, et coulent en
peu de mois. Des porteurs d'eau salée, des
aqueducs en tubes de bambou, fournissent
l'eau : elle est reçue dans une énorme ci-
terne, et un chapelet hydraulique, agité
jour et nuit par quatre hommes, fait monter l'eau dans un réservoir supérieur, d'où
elle est conduite dans des chaudières.
L'eau évaporée en 24 heures forme une
pâte de sel de six pouces d'épaisseur, pesant environ 300 livres. Il est dur comme
de la pierre.

Le feu de ce gaz ne produit presque pas
de fumée, mais une vapeur très forte de
bitume qu'on sent à deux lieues à la ronde.
La flamme est rougeâtre comme celle du
charbon; elle n'est pas attachée et enra-
cinée à l'orifice du tube, comme le serait
celle d'une lampe; mais elle voltige en-

viron à 2 pouces au-dessus de cet orifice,
et elle s'élève à peu près de deux pieds.
Dans l'hiver, les pauvres, pour se chauffer,
creusent en rond le sable à un pied de
profondeur ; une dixaine de malheureux
s'asseient autour : avec une poignée de
paille ils enflamment ce creux, et ils se
chauffent de cette manière aussi long-
temps que bon leur semble ; ensuite ils
comblent le trou avec du sable, et le feu
est éteint. »

Je dois ajouter à ce récit de M. Imbert,
que le bourg d'*Ou thoung khiao* est à
quatre lieues à l'est de la ville de Young
hian, au pied de la grande montagne d'Ou
thoung chan, dont la masse couvre tout le
pays situé entre le cours du Young khi et
celui du Fou kia ho. Le bourg de Thsee lieou
tsing est environ à une lieue au-dessous de

l'embouchure de la seconde de ces rivières dans la première. Celle-ci est vulgairement nommée l'*Eau sulfureuse*, et
en effet elle exhale une forte odeur de
soufre. A deux lieues au nord-est du
bourg, est le plus grand des *Ho tsing* ou
Puits de feu.

Un autre *Ho tsing* ou *Puits de feu*
très célèbre existait autrefois dans le Szu
tchhuan, à 80 li au sud-ouest de la ville
actuelle de *Khioung tcheou* (1) et au sud
de la montagne *Siang thaï chan.* Il avait
cinq pieds chinois de largeur, et sa profondeur était entre deux et trois toises. La
flamme en sortait sans interruption et avec
un bruit semblable à celui du tonnerre ; elle
s'élevait si haut, qu'elle éclairait, pendant la

(1) Par 101° 6' long. E. , 30° 27' lat. N.

nuit, tout le pays sur une étendue de quelques dizaines de li. Les habitans du voisinage conduisaient le gaz inflammable du puits, par des tuyaux de bambou, dans leurs maisons. Deux sources salées découlaient de ce puits, dont l'eau ébouillie donnait 3o pour cent de sel. Le feu du puits est actuellement éteint ; mais il a brûlé, d'après ce qu'on sait, depuis le 2ᵉ jusqu'au 13ᵉ siècle de notre ère.

Dans la même province de Szu tchhuan, un phénomène singulier s'observe au mont *Py kia chan*, qui a reçu ce nom des rochers isolés par lesquels sa crête est en quelque sorte crénelée, et qui lui donnent la forme du petit tréteau dont les Chinois se servent pour poser le pinceau imbibé d'encre. Cette montagne est encore appelée *Kieou tsu loung wo,* ou le Nid des neuf en-

fans dragons, et *Yu chan*, montagne de Yu
ou de Jade oriental. Elle n'est éloignée que
de 3 li au nord-est de *Pao hian* ville située
par 101° 7′ long. E., et 31° 40′ lat. N.
Elle resserre le cours du Tho kiang, affluent de droite de la partie supérieure du
Grand Kiang ou Fleuve de la Chine. Pendant la nuit, on aperçoit sur tout le flanc
oriental de cette montagne une lueur semblable à celle de l'aurore ; cette lumière
ne produit aucun bruit, colore d'un rouge
très vif les pentes des rochers, les cimes
des monts voisins et le ciel même ; répand
sur les forêts et les arbres une clarté égale
à celle du jour : elle s'évanouit avec le
matin. Il est probable que cet éclat extraordinaire provient d'un feu volcanique
qui brûle dans quelque ravin profond et
caché que les Chinois n'ont pu visiter ; car
la contrée inhospitalière dans laquelle est

situé le Py kia chan, se trouve au pied des hautes montagnes couvertes de neiges perpétuelles, et elle est habitée par des tribus barbares, d'origine tubétaine, qui ne sont soumises qu'imparfaitement aux lois du céleste empire.

Il y a dans plusieurs provinces de la Chine des montagnes brûlantes, qu'on désigne ordinairement sous le nom de *Ho chan* ou *Montagnes de feu.*

La plus méridionale de ces *ho chan* est située dans le département d'*Ou tcheou fou* de la province de Kouang si : elle est à deux li chinois au sud de la ville d'Ou tcheou fou et de la rivière Ke kiang, par 108° 25′ long. E. de Paris, et 23° 27′ de lat. N., non loin de la frontière de la province de Kouang toung ou Canton.

Elle porte à présent le nom de *Tchhoung siao chan*, ou montagne qui s'élève dans la région supérieure des nuages ; anciennement on l'appelait *Ho chan*. Chaque troisième ou cinquième nuit , une flamme haute de plus de dix toises chinoises sort de sa cime et diminue graduellement jusqu'à ce qu'elle disparaisse entièrement. Les Chinois qui habitent dans le voisinage de cette montagne, assurent que les *li tchi*, ou fruits du *demicarpus li tchi*, y mûrissent beaucoup plus vite que dans les environs ; ils attribuent ce phénomène à la chaleur intérieure de la montagne. Le Tchhoung siao chan est à 40 lieues marines des bords de la mer de Chine.

Plusieurs *Ho chan* ou *montagnes de feu* se trouvent dans la partie septentrionale de la province de Chan si, qui est bornée

au nord par la grande muraille et le pays
des Mongols Tchakhar. Une des principales est dans le département de *Pao te
tcheou*, à 5 li à l'ouest de la ville de *Ho
khiu hian*, par 108° lat. E. et 39° 14'
lat. N. A son pied occidental coule le
Houang ho ou *fleuve Jaune*, qui y décrit
plusieurs détours. Sur le dos de la montagne, on voit des trous et des cavernes
desquels sort une fumée épaisse et des
flammes, aussitôt qu'on y jette de l'herbe.
Il n'y croît ni arbres ni plantes, mais on
y recueille beaucoup de sel ammoniac
dans les fentes de ces cavernes. La chaleur
qui en sort est si forte, qu'elle fait bouillir
l'eau dans les pots qu'on y place.

Un autre *Ho chan* est dans la même
province, mais plus au nord-est, et à
l'ouest de *Ta thoung fou*, chef-lieu de

département (110° 5o′ long. E. et 40° 5′ 42″
lat. N.). Sur son sommet, on voit un *Ho
tsing* ou *Puits de feu;* c'est une longue
fente qui, du nord au sud, a entre 6o et
7.o pas, et presque une toise de largeur.
On n'en peut apercevoir le fond. Il en sort
une chaleur très grande, et l'on entend dans
l'intérieur un bruit perpétuel qui ressemble au tonnerre. Si l'on jette des herbes
dans cette fente, elle vomit de la fumée et
des flammes. Cinq à six toises à l'est de
cette fente on trouve une source dont
l'eau est bouillante. Au nord de ce puits
de feu, on rencontre un ravin qui a plus
de cent pas de l'est à l'ouest et dix de
largeur. Au pied de son bord escarpé
méridional, s'ouvre la *Caverne au Vent*,
dont on ne connaît pas la profondeur; il
en sort perpétuellement un vent glacial.

Un troisième *Ho chan* est encore dans
Chan si , département de *Fen tcheou fou*,
70 li à l'est de la ville de *Lin hian* (108°
31′ long. E. et 38° 12′ lat. N.). Il a 20 li de
circonférence, et est rempli de couches
de charbon de terre, qui brûlent en partie. En général , les montagnes du Chan si
et celles de la partie occidentale du Tchy
li sont très riches en houille.

Le P. M. Martini a déja parlé des puits
de feu de la province de Chan si, dans son
Atlas Sinensis (page 37). « Il y a, dit-il,
« dans cette province une chose dont le
« récit est admirable ; ce sont des puits
« de feu, de même que chez nous ceux
« d'eau : on y en voit dans beaucoup
« d'endroits , et on s'en sert pour cuire
« les viandes, ce qui est fort commode et
« n'occasione aucune dépense. On ferme

« l'ouverture du puits, de sorte qu'on ne
« laisse qu'un petit trou, assez large pour
« recevoir une marmite ; c'est ainsi que les
« habitans ont l'habitude de cuire leurs
« mets. J'ai ouï-dire que ce feu était quel-
« quefois épais et peu clair, et que quoi-
« qu'il soit chaud, il n'allume pas le bois
« qu'on y jette. On met ce feu dans des
« grands tuyaux de bambou, et on le
« peut ainsi aisément porter où l'on veut,
« et s'en servir pour cuire, en ouvrant le
« trou de la canne : la chaleur qui en sort
« peut cuire des choses minces, jus-
« qu'à ce qu'elle soit exhalée. C'est un
« secret admirable de la nature, si la
« chose est véritablement ainsi. Je ne l'ai
« pas vu moi-même, mais je m'en rap-
« porte aux auteurs chinois, que je n'ai
« guère trouvé menteurs dans les choses
« que j'ai pu vérifier moi-même. Dans

« toute cette province, on exploite des
« mines de charbon de terre, comme à
« Liège, dans les Pays-Bas. Les Chinois
« du nord s'en servent pour chauffer leurs
« poêles et leurs étuves. Après avoir pre-
« mièrement cassé ces pierres, ils les pi-
« lent ; car elles sont souvent très grandes
« et très noires ; et puis, les ayant dé-
« trempées dans l'eau, ils en font des
« masses, comme c'est l'usage en Belgique :
« elles ont de la peine à prendre feu ; mais
« quand il y est une fois, il dure fort long-
« temps, et est fort ardent. »

La chaîne volcanique dont les premiers
chaînons méridionaux se trouvent dans

l'île de Formose (1), s'étend par les îles
Lieou khieou jusqu'au Japon, et de là
par l'archipel des Kouriles jusqu'au Kamtchatka.

Nous ne connaissons pas encore assez
l'archipel de Lieou khieou, situé entre
l'île de Formose et le Japon, pour avoir
une idée exacte des volcans qu'il peut con-
tenir. Nous savons seulement qu'il y en a
dans sa partie septentrionale, où l'on rencontre l'*île du Soufre* (en chinois *Loung
houang chan*), située au N.-E. de la
grande île de Lieou khieou, par 27° 50′
lat. N., et 125° 25′ long. E. de Paris. L'île
du Soufre est aussi appelée *Yeou kia phou*,
ou le *Rivage des Bannis*. Le volcan qui y

_____

(1) Voyez plus haut, page 82, note 1.

produit une immense quantité de soufre ,
est situé dans sa partie N.-O. ; il vomit
constamment de la fumée et des vapeurs
sulfureuses , qui sont quelquefois si fortes,
que l'on ne peut s'approcher du mont du
côté d'où le vent souffle. Les rochers qui
entourent ce volcan sont de couleur jaune,
mêlée de bandes brunes. La côte méridionale est formée de hauts volcans d'un rouge
foncé; l'on aperçoit sur sa surface quelques
espaces d'un vert clair. Dans le gros temps,
il est difficile de débarquer sur cette île ,
parce que la mer brise avec une violence
extrême sur les rocs escarpés qui la bordent. Le Loung houang chan ne produit
ni arbres, ni riz, ni plantes potagères ; on
y trouve beaucoup d'oiseaux , et la mer y
est très poissonneuse. Cette île est habitée
par une trentaine de familles de bannis, qui
recoivent leur subsistance de la grande

Lieou khieou; ils s'occupent à recueillir le soufre.

La grande île de Kiousiou, par laquelle le Japon commence au sud-ouest est très volcanique dans ses parties occidentale et méridionale. L'*Oûn zen ga daké* (la haute montagne (1) des sources chaudes), est situé sur la grande presqu'île qui forme le district de *Takakou* de la province de *Fisen*, et à l'ouest du port de Simabara. On voit sur cette montagne, comme dans les presqu'îles de Taman et d'Abcheron, plusieurs cratères qui jetaient une boue noire et de la fumée. Dans les premiers mois de

---

(1) Le mot *daké* en japonais est le synonyme du terme *yo*, par lequel les Chinois désignent les plus hautes cimes de leur pays.

l'année 1793, le sommet de l'Oûn zen ga
daké s'affaissa entièrement. Des torrens
d'eau bouillante sortirent de toutes parts
de la cavité profonde qui en résulta, et la
vapeur qui s'éleva au-dessus ressemblait à
une fumée épaisse. Trois semaines après
il y eut une éruption du volcan *Biwo-
no-koubi*, environ à une demi-lieue de distance du sommet, la flamme s'éleva à une
grande hauteur ; la lave qui en découla
s'étendit avec rapidité au bas de la montagne, et, en peu de jours, tout fut en
flammes dans une circonférence de plusieurs milles. Un mois après, un tremblement de terre affreux ébranla toute l'île
de Kiousiou, principalement dans le canton de Simabara ; il se renouvela plusieurs
fois, et finit par une éruption terrible du
mont *Miyi-yama*, qui couvrit tout le pays
de pierres et mit principalement la partie

de la province de *Figo*, vis-à-vis de Simabara, dans un état déplorable.

Dans le district d'*Aso*, dans l'intérieur
du Figo, est le volcan *Aso-noyama*, qui
jette des pierres et des flammes; celles-
ci sont de couleur bleue, jaune et
rouge. Enfin, la province la plus méridionale du Kiousiou, nommée *Satsouma*, est
entièrement volcanique et imprégnée de
soufre; les éruptions n'y sont pas rares. En
764 de notre ère, trois nouvelles îles sortirent du fond de la mer qui baigne le
district de *Kaga sima*; elles sont à présent habitées. Au sud de la pointe la plus
méridionale du Satsouma est *Iwo-sima*
(l'île de soufre) qui brûle perpétuelle-
ment(1).

_____

(1) D'après les observations du capitaine Kru-

Le phénomène volcanique le plus mé-
morable au Japon , arriva l'an 285
avant notre ère ; alors un immense éboulement forma, dans une seule nuit, le
grand lac nommé *Mitsou-oumi* ou *Biva-
no-oumi* , situé à l'Oomi , province de
la grande île de Nifon, et auquel Kæmpfer
et nos cartes donnent le nom de *lac
d'Oïtz*. Dans le même moment, le *Fousi-
no yama*, dans la province de *Sourouga*,
qui est la plus haute montagne du Japon,
s'éleva du sein de la terre. Du fond du lac
Mitsou oumi sortit, dans l'année 82 avant
Jésus-Christ, la grande île de *Tsikou bo
sima,* qui existe encore.

En 684, la province de *Tosa* ,qui forme

---

senstern, cette île, qu'il appelle *Volcano* , est située
par 30° 45′ lat. N. , et 127° 56′ 25″ long. E. de Paris.

l'angle sud - ouest de la grande île de Si-
kokf dans le Japon , fut dévastée par un
tremblement de terre effroyable , pendant
lequel la mer engloutit plus de 500,000
acres de terrain labourable.

Le *Fousi-no-yama* est une énorme pyramide couverte de neiges perpétuelles, et
située dans la province de *Sourouga,* à la
frontière de celle de *Kaï;* c'est le volcan
le plus considérable et un des plus actifs
du Japon. En 799 il fit une éruption qui
dura depuis le 14ᵉ jour du 3ᵉ mois jusqu'au
18ᵉ du 4ᵉ ; elle fut épouvantable , les cendres
couvrirent tout le pied de la montagne et
les courans d'eau du voisinage prirent une
couleur rouge. L'éruption de l'an 800, eut
lieu sans tremblement de terre , tandis que
celles du 6ᵉ mois de 863 et du 5ᵉ de 864
en furent précédées. La dernière fut très

violente, la montagne brûla sur une étendue de deux lieues géographiques carrées.
De toutes parts des flammes s'élevèrent à
la hauteur de 12 toises et furent accom-
pagnées d'un bruit de tonnerre effroyable.
Les tremblemens de terre se répétèrent
trois fois, et la montagne fut en feu pendant dix jours; enfin sa partie inférieure
creva, une pluie de cendres et de pierres
en sortit, tomba en partie dans un lac
situé au nord-ouest, et fit bouillonner ses
eaux, de sorte que tous les poissons y
moururent. La dévastation se répandit sur
une étendue de 30 lieues, la lave coula à
une distance de 3 à 4, et se dirigea principalement vers la province de Kaï.

En 1707, dans la nuit du 23ᵉ jour de la
11ᵉ lune, deux fortes secousses de tremblement de terre se firent sentir, le Fousi-

15

no yama s'ouvrit, jeta des flammes et lança
des cendres à 10 lieues, au sud jusqu'au
pont de Rasou-bats, près d'Okabé, dans
la province de Sourouga. Le lendemain
l'éruption s'apaisa, mais elle se renouvela
avec plus de violence le 25 et le 26. Des
masses énormes de rochers, du sable rougi
par la chaleur, et une immense quantité
de cendres couvrirent tout le plateau voisin. Ces cendres furent poussées jusqu'à
Iosi wara, où elles couvrirent le sol à une
hauteur de 5 à 6 pieds.; et même jusqu'à
Iedo, où elles avaient plusieurs pouces
d'épaisseur. A l'endroit où l'éruption avait
eu lieu, on vit s'ouvrir un large abîme, à
côté duquel s'éleva une petite montagne à
laquelle on a donné le nom de *Foo yé
yama*, parce que sa formation eut lieu
dans les années nommées *Foo yé*.

Le Fousi-no yama paraît avoir une
succursale dans l'île d'*Osima* appartenant à la province d'*Idzou*, et située
devant l'entrée de la baie de Iedo ; c'est
la plus septentrionale de l'archipel, qui
s'étend au sud de cette baie , jusqu'à
l'île de Fatsisio. Au milieu d'Osima s'élève
une haute montagne. Le capitaine anglais
Broughton, qui se trouvait, le 31 juillet
1797 , dans ces parages , vit, dans des intervalles d'une heure sortir , de la partie
orientale du sommet de ce mont , une
colonne de fumée noire et épaisse. Lorsqu'il y passa au mois de novembre 1796 ,
il n'avait pas aperçu de fumée sortir du
cratère , qui paraissait très échancré.
L'île offre un point de vue très agréable ;
elle est cultivée et tapissée de verdure jusqu'au sommet de la montagne, qui est très
élevée.

Un embranchement de la chaîne volcanique du Japon se dirige d'ici au sud par les
îles, qui, entre le 137° et 139° de longitude,
s'étendent jusqu'au 22° de latitude boréale.
Fatsisio, les îles *Mounin sima* ou *Bonin
sima*, celles de l'*Archevêque* et des *Volcans*, avec l'*Ile de Soufre*, appartiennent
à cet embranchement. Le capitaine Bee-
chy qui a exploré, au mois de juin 1827,
les îles de l'Archevêque, rapporte que
l'année précédente, en janvier, la plus
méridionale de ces îles a été le théâtre
d'un tremblement de terre terrible, accompagné d'un ouragan ou typhon, qui
fit monter l'eau de la mer à 12 pieds au-
dessus de son niveau ordinaire. Dans cette
île, les secousses de tremblement de terre
sont fréquentes en hiver, et on y voit
souvent la fumée s'élever des cimes d'autres îlots situés plus au nord.

Au nord du lac Mitsou oumi et de la province d'Oomi, est celle de Ietsisen, qui s'étend le long de la côte de la mer de Corée, et est bornée au nord par la province de Kaga. Sur leurs confins respectifs est situé le volcan *Sira yama* (montagne blanche, ou *Kosi-no Sira yama* (montagne blanche du pays de Kosi); il est couvert de neiges perpétuelles. Ses éruptions les plus mémorables eurent lieu en 1239 et 1554. On l'appelle aussi le Mont-Blanc de Kaga.

Un autre volcan très actif du Japon est le mont *Asama yama* ou *Asama-no daké*, situé au nord-est de la ville de *Komoro*, dans la province de *Sinano*, une de celles du centre de la grande île de Nifon, au nord-est de celles de Kaï et de Mousasi. Il est très élevé, brûle depuis le milieu jus-

qu'à la cime, et jette une fumée extr ême-
ment épaisse. Il vomit du feu, des flammes
et des pierres; les dernières sont poreuses
et ressemblent à la pierre-ponce. Il couvre
souvent toute la contrée voisine de ses
cendres. Une de ses dernières éruptions
est celle de 1783. Elle fut précédée par
un tremblement de terre épouvantable;
jusqu'au 1er août la montagne ne cessa de
rejeter du sable et des pierres, des gouffres
s'entrouvrirent de toutes parts, et la dévastation dura jusqu'au 6 du même mois.
L'eau des rivières Yoko gava et Kourou
gava bouillonna; le cours du Yone gava,
l'un des plus grands fleuves du Japon, fut
intercepté, et l'eau bouillante inonda les
campagnes. Un grand nombre de villages
furent engloutis par la terre, ou brûlés et
couverts par la lave. Le nombre des personnes qui ont péri par ce désastre est im-

possible à déterminer; la dévastation fut incalculáble.

Dans la même province, il y a un lac spacieux nommé *Souwa-no mitsou oumi*, duquel découle la grande rivière Tenriou gava. Le lac est au nord-ouest de la ville de Taka sima, et reçoit un grand nombre de sources chaudes qui jaillissent de la terre dans ses environs.

Dans la province de *Ietsingo*, située au nord de celle de Sinano, il y a près du village de Kourou gava moura, un puits abondant de naphte, que les habitans brûlent dans leurs lampes; on voit aussi dans le district de Gasi wara, un terrain pierreux qui exhale du gaz inflammable, exactement comme dans plusieurs lieux de la presqu'île d'Abcheron, où est située

la ville de Bakou. Les habitans du voisinage se servent de ce gaz, en enfonçant
un tuyau dans la terre et l'allument comme
un flambeau.

Le volcan le plus septentrional du Japon
est le *Yaké yama* (mont brûlant) de la
province de *Mouts* ou *Oosiou ;* il est situé
dans la presqu'île nord-est , au sud du détroit de *Sangar,* entre Tanabé et Obata,
et jette sans cesse des flammes. Les hautes
montagnes qui traversent la province de
Mouts et la séparent de celle de *Dewa*,
contiennent également plusieurs volcans.
Si nous suivons cette chaîne à travers du
détroit de Sangar, nous trouvons d'abord
le volcan qui forme la petite île de *Koo si-*
ma , à l'ouest de l'entrée de ce bras de
mer même , puis dans le Ieso plusieurs
montagnes qui jettent des flammes. Trois

de ces montagnes entourent la *Baie d'Outchi oura* , nommée *Baie des Volcans*
par le célèbre navigateur Broughton. Le
volcan *Outchi oura yama* est au sud ;
l'*Ousou-ga daké*, qui est le plus élevé, se
montre au nord, et l'*Oo ousou yama* est
au fond de la baie à l'ouest. Au nord-est de
la baie d'Outchi oura, il y en a une autre
également très profonde ; sur la côte occidentale de laquelle s'élève un autre volcan,
nommé *Yououberi* ou *Ghin zan* (mont
d'Or), qui est vraisemblablement celui
que le capitaine Krusenstern a vu de la
côte occidentale du Ieso.

Nous pouvons donc suivre la chaîne
volcanique qui commence à Formose, par
les îles Kouriles , jusqu'au Kamtchatka,
dont les volcans sont en activité perpé-
tuelle.

Les six volcans du Japon, que je viens
de décrire, ainsi que les quatre montagnes
desquelles sortent des sources chaudes,
savoir : le *Koken san* ou *You-no daké* dans
le Boungo, le *Fokouro san* dans le Dewa,
le *Tate yama* dans le Ietsiou et le *Foko
no yama* dans le Idzou, renferment, selon
les Japonais, les dix enfers du pays.

Les monts *Fousi-no yama* et *Sira yama*
sont regardés comme les plus élevés du
Japon. Outre ces deux montagnes, les habitans de cette contrée regardent les sept
suivans comme les *mi daké* ou plus hautes
cimes de leur pays.

1. De *Fiyeï yama* dans le district de
Siga, province d'Oomi.

2. Le *Fira-no yama* dans le district de
Také sima de la même province.

3. L'*Ifouki yama* dans le district de *Fouwa* du Sets.

4. L'*Atako yama* dans le district de *Katsoura-no* de la province de Yama-siro.

5. Le *Kin bou san* ou *Yosi no yama* dans le district de *Yosi no* du Yamato.

6. Le *Sin bou san* district de *Sima kami* du Sets.

7. Le *Katsoura ki yama* dans le district de *Katsoura kami* de la province de Yamato.

ROUTIERS
DANS L'ASIE CENTRALE,

RECUEILLIS

PAR M. LE BARON A. DE HUMBOLDT,

PENDANT SON VOYAGE EN SIBÉRIE (1)

I. *Route de Semipolatinsk au sud jusqu'au pays de Kachkar (ou Kachghar); quarante journées.*

verst.

De Semipolatinsk jusqu'au gué de la
petite rivière *Balta tarak*.   20
     La rivière est peu importante,

----

(1) Tout ce qui se trouve entre deux parenthèses est ajouté, comme éclaircissement, par M. Klaproth.

et se perd à droite et à gauche
du chemin , dans différens petits ruisseaux.

Du Balta tarak à la source *Aralyk*..   25

D'Aralyk au rocher *Iar tach*.....   30

    Ce rocher très élevé, est à
gauche du chemin.

Du Iar tach à la source *Kochoumbet*.   20

De Kochoumbet à la source *Uchmè*.   35

D'Uchmè au gué de la petite rivière
   Karagan daïerŷk............   25

    La rivière est peu considéra-
ble, et sort des monts *Aldjan*
et *Arkat*, qui commencent
ici. Ces montagnes ont, là où
on les passe, une largeur de 5
verst, et s'étendent à 12 verst
des deux côtés du chemin.

Du Karagan daïeryk , par les monts

verst.

Aldjan et *Arkat*, à la source *Ou-*
zoun-boulak   25

D'Ouzoun-boulak à la colline pier-
reuse *Y-tach*   20

    Cette colline est tout près du
chemin , et peu élevée.

De l'Y-tach au gué de la petite rivière
Kalkut   10

    Elle est petite ; sort à 3 verst
à droite du chemin de la haute
montagne *Tchinghiz-tau* (voy.
Ledebour, page 377 et suiv.),
et se perd dans le step.

Du Kalkut à la source *Batmak sou.*   20

    A droite du chemin, 3 verst,
se termine la haute montagne
Tchinghiz-tau ; elle s'étend à 6o
verst à l'ouest , et a 20 verst de
largeur.

De Batmak sou au gué de l'*Ayagous*.　　20

　　Cette rivière est grande , et
　le chemin la suit en la laissant
　sur la droite.

Le long de l'Ayagous aux tombeaux
　kalmuks nommés *Kouzou-Kour-*
　patch (dans la carte de M. Pansner
　Kougou Kerpech)............　　10

De Kouzou Kourpatch , le long de
　l'Ayagous , à *Iouz-agatch*.......　　20

　　Cet espace est couvert de
　peupliers ; l'Ayagous reste à
　la droite du chemin , et tombe
　dans le grand lac *Tenghiz*. (Le
　mot Iouz-agatch en Kirghiz si-
　gnifie les *cent arbres*. Le canton
　est appelé en mongol *Dzoun*
　modo , ce qui a la même signi-
　fication. D'après les cartes chi-

noises, ce n'est pas l'*Aigous*
ou *Ayagous* qui se jette dans le
lac Balkhach ; c'est l'*Erkeb-
tsi-gol* , rivière formée par
l'*Aigous* , l'*Ebketé* , le *Ba-
khanas* et le *Koukou - sar.*
L'Erkebtsi a, un peu au-dessous
de son embouchure, dans le
Balkhach, un gué appelé *Erkebtsi - gatoulgà.* Cette rivière est
appelée, dans la carte de Pansner, *Kourdoulèk. Tenghiz* , ou
la Mer, c'est le nom que les Kirghiz donnent au lac Balkhach).

De Iouz-agatch à la montagne *Arganatek kyzkatch*............. 25

Elle est assez élevée ; on la
traverse pendant 5 verst ; elle a
15 verst de longueur et s'étend

verst.

plus à la gauche qu'à la droite
du chemin.

De l'Arganatek kyz katch à la source
Kandjega boulak   20
De Kandjega boulak au gué du
Lapsyi (dans les cartes chinoises
Lebsi)   20

Cette rivière est considérable ; sort des monts *Ala tau*
(couverts de neiges perpétuelles), et tombe dans le lac Tenghiz. (Dans les cartes chinoises,
le Lebsi vient de la montagne
Kouké tom dabahn , ou du dé-
filé de la cime bleue , et reçoit
le *Tchagan oussou* à gauche).

Du Lapsyi à la petite rivière *Ak sou*.   30

Elle est peu considérable ,
sort de l'*Ala tau* et tombe dans

16

le lac *Tenghiz*. (*Ak sou* signifie
en kirghiz , ainsi que *Tchagan
oussou* en mongol, eau blanche ,
il paraît donc qu'il est question
ici de la même rivière , indiquée
dans les cartes chinoises comme
affluent du Lebsi.)

De l'Ak sou à la petite rivière *Kouldenian bayan*............ 3o
Du Kouldenian bayan au puits de
Kysyl agatch (arbres rouges
en kirghiz.)............... 25
    Ce puits est dans un endroit
couvert de bouleaux et de peupliers.

De Kyzyl agacth à la source *Sary
boulak* (source jaune.)........ 3o
De Sary boulak au gué du *Kara
tal* (saules noirs.)............ 15

Cette rivière est assez large ,
sort à gauche des monts Ala-tau
et tombe dans le grand lac *Tenghiz*.

Du Kara tal au gué du *Kouk sou*
(eau bleue.)................   15

Cette rivière est assez large ,
vient également des monts Ala-
tau et se jette dans le Tenghiz.
(Les cartes chinoises la font venir de la montagne *Boro gou-
dzir dabahn* et se joindre à la
gauche au Kara tal.)

Du Kouk sou à la petite rivière *Bidjé*.   25
(Dans les cartes chinoises , *Gourban Bidjé* , ou les trois Bidjé ,
affluent de gauche du Kara tal.
Cette rivière vient de la haute
montagne *Altan emel dabahn* ,

verst.

ou du passage de la selle d'or.)

Du Bidjé à la source *Maï toubé*.... 25

    Elle tire son nom d'une petite colline à droite du chemin.

De Maï toubé à la source *Koïan kous*...................... 20

De Koïan kous à la source *Tus achou*. 15

    Dix verst à gauche du chemin est la haute montagne *Altyn emel* (ou *Altan emel*, selle d'or), qui se réunit à l'est aux monts Ala tau.

De Tus achou au gué de la rivière *Ilé* ou *Ili*. (C'est vraisemblablement le même gué appelé, dans les cartes chinoises, *Khoulgan gatoulgà*)................. 25

    Cette grande rivière vient de Kouldja et se jette à l'ouest dans

le lac Tenghiz. Ici commencent
les habitations des *Kirghiz de
Semyrek*. Un chemin conduit
directement d'ici à la ville d'*Ouch
Tourpan*. (Voyez page 52.)

De l'Ilè à la petite rivière *Kachkalèr*.
 (Dans les cartes chinoises , *Kach-
 kelen.*)...................... 30

Du Kachkalèr à la source *Almatè*.
 (Dans les cartes chinoises , *Gourban almatou* , ou les trois rivières aux pommiers.).......... 30

D'Almatè à la haute montagne
 Khach tœgh. (Dans les cartes
 chinoises , *Khach tak dabahn* ;
 la rivière *Kachi tak* y prend sa
 source , et va se joindre à la gauche de l'Ili.)................ 20

 Cette montagne s'étend à gau-

che jusqu'à l'Ala tau , finit à
25 verst à l'ouest et a 10 verst
de largeur. Ici se terminent les
habitations des *Kirghiz de
Semyrek.*

Du Khach tægh au gué du *Tchoui.* .   20
La rivière est assez large ,
sort du mont Ala tau et coule
à l'ouest vers le Turkestân. Ici
commencent les habitations des
Kirghiz noirs.

Du Tchoui au gué du *Koute maldà.*   15
Cette rivière est petite , sort à
gauche du chemin du lac *Issi
koul* et coule très loin dans le
step. (Selon les cartes et les
descriptions chinoises , c'est le
Tchoui qui sort du lac *Issi koul*,
ou *Temourtou noor* , et non pas

le *Koute malda*, qui ne paraît
être qu'un affluent du Tchoui.)

Du Koute malda à l'*Issi koul*......   15

    Ce lac est à gauche du che-
min, a 5o verst de largeur et
1oo de longueur.

De l'Issi koul à la montagne *Oulak
kol.* 3o

    Elle est assez haute, s'étend
très loin à droite et à gauche
du chemin, et est large de 2o
verst.

De l'Oulak kol, que l'on traverse, à
la source *On artcha*........   3o

D'On artcha au gué du *Narym*.
(*Narym* est le nom de la partie supérieure du *Syr-daria* ou *Sihoun*,
qui, sous le nom de *Tarakhaï
gol*, prend sa source au sud du

verst.

coin sud-ouest du lac Temour

tou.)...................... 35

Là rivière n'est pas considé-

rable , et s'étend à droite et à

gauche du chemin.

Du Narym au gué de l'*Ot bach* (en

kirghiz *téte de bois*.).. 25

La rivière est peu considé-

rable , elle coule à gauche et

près du chemin.

De l'Ot bach à la montagne *Rovat*.. 80

Elle est assez haute , et s'é-

tend à droite et à gauche du

chemin ; la traversée est de 15

verst. Dans cette montagne , il

y a tout près de la route une

grande caverne dans le roc.

Du Rovat au lac *Tchater koul*..... 25

Il est petit , à droite du che-

min; a un verst de long et un
demi-verst de large.

Du Tchater koul à la colline *Torgat*.   25
     Elle n'est pas très haute et
reste à droite du chemin.

Du Torgat à la source *Balgoun*....   30
     On y voit des hauts bouleaux
et des peupliers.

Du Balgoun à l'*Aksaï*............   25
     Cette rivière est peu considé-
rable, et s'étend loin à droite et
à gauche dans le step.

De l'Aksaï au corps-de-garde chinois.   30

De ce corps-de-garde au petit village *Artych* (dans les cartes chinoises *Artouch*)............ .   25

D'Artych à *Kachkar*...........   30
     La ville est assez grande, est

située sur la rivière *Ara tumen*, a 15,000 maisons et environ 80,000 habitans.

(Voici comment la grande géographie chinoise représente le système des rivières qui coulent dans le voisinage de Kachkar. Le *Kachkar daria* est au sud de la ville ; il vient de la chaîne du mont Thsoung ling et des montagnes qui sont au nord de la ville. Deux de ses bras se réunissent et passent au sud de ses murs ; de là son cours à l'est, est de 2,000 li (250 lieues), il reçoit les rivières de Yarkend et de Khotèn , et prend le nom de *Tarim*. C'est le bras septentrional de cette

grande rivière ; l'occidental est
nommé *Yaman yar ;* il a pour
affluent le *Khesel* , qui a sa
source dans les monts au nord
de Kachkar , coule au sud-est
et se réunit au Terme-tchouk ,
qui vient de 200 li au nord-
ouest. Le *Mouchi* coule au nord
de Kachkar; il y reçoit le *Temen,*
formé par la réunion de deux
rivières , coule au sud-est , et se
jette dans le Khesel.)

———

TOTAL.... 1,135

II. *De Kachkar vers l'est* (*le sud-est*)
à *Iarkènd*.

verst.

De Kachkar à la ville de *Ianghis-*
sar (Ianghi-hissar, signifie en turc
la forteresse nouvelle ; sur nos
anciennes cartes, Ingachar.)   40
   La ville n'est pas considérable.

De Ianghissar à la ville de *Iafe-*
rènde qui est aussi très peu importante. (Je ne trouve ce nom
dans aucune carte ou description.) 80

De Iaferènde à *Iarkènd*   40
   La ville est située sur la rivière *Kokak - daria* (vulgairement *Iarkènd-daria* , rivière
de Iarkènd); elle est plus grande
que Kachkar.

                      TOTAL..... 160

III. *De Iarkènd au Tubet , vers le sud.*

verst.

Il y a quarante journées, chacune de 10 verst; car il est impos-
sible d'aller plus vite à travers
des montagnes extrêmement
hautes , qu'on doit passer.

De Iarkènd au corps-de-garde chinois *Kok yar* (ou Kok sâr.).... 50

Le chemin passe entre deux
montagnes très hautes.

De Kok yar au gué de la rivière
Chayouk.................... 280

Cette rivière est assez large ;
elle coule à l'est et à l'ouest
dans les montagnes. Le chemin
continue à passer par de hautes
montagnes. (Le *Chayouk* est la

grande rivière qui prend sa
source au sud de la haute montagne de Kara korum , coule
d'abord au sud‑est , puis au
sud-ouest , et va se jeter dans
l'Indus près de *Leï* ou *Ladak*.)
Du *Chayouk* , entre des montagnes
excessivement hautes , à *Tibet*...   70

La ville est assez grande , se
trouve sous la domination de
l'Inde , et est la résidence d'un
radjah.

La chaîne des montagnes de
Iarkènd à Tibet , s'étend plus à
l'ouest qu'à l'est.

_____

400

A 20 journées à travers de
hautes montagnes à l'est de Tibet
est *Tchabé Tchaptan*, c'est de là

que l'on porte au Kachmir le fa -
meux duvet de moutons. Vraisemblablement cette ville(Tibet)
est celle de *Ladak* ; mais ce
nom est inconnu aux Asiatiques
de notre ville.(La dernière phra-
se est sans doute ajoutée par le
Russe rédacteur de ces routiers.
Il s'agit ici en effet de la ville de
Leï, capitale du pays. Cette ville
est appelée en tubétain *Lata*
youl ; c'est la même que nos
cartes désignent sous le nom
mongol de *Latac* ou *Ladak* ;
cette ville est connue des Hindous et des Persans sous le nom
de *Tubet* ou *Grand Tubet*. Le
premier, ou *Petit Tubet*, est le
pays appelé *Balti* ou *Balti-*

(256)

stán. Le second , ou *Grand
Tubet* est *Ladak*, et le *Troisième Tubet* est la contrée sou-
mise au Dalaï Lama, et comprise
entre l'Indus et la frontière
de la Chine.)

De Tibet à *Kachmir*, à l'ouest, il y a
20 journées , chacune de 8 verst,
parce qu'on est obligé de trans-
porter les marchandises à travers
les hautes montagnes , sur le dos
des moutons et à pied. La ville est
située sur la rivière *Tchirtchik*
(vraisemblablement le nom indi-
gène du *Djhylum* , sur les deux
rives duquel la ville de Kachmir
est bâtie.)   TOTAL.......... 160

IV. *De Semipolatinsk à Tachkend,* 4o *journées, à l'ouest.*

verst.

De Semipolatinsk au gué de la rivière
Moukourtka (ou Moukourka)..... 20

    Elle vient de la gauche du
chemin, sort du mont *Kokoun*,
et tombe dans l'Irtyche, au-
dessus du *Staro* (vieux) *Semipolatinsk.*

Du Moukourtka à la source *Ouzoun
boulak* (longue), où commence
le mont *Semi-tav* (chez Pansner
Semi-tal), qui s'étend à la droite
du chemin à 4o verst, et à 25 à
gauche. Sa largeur est de 12 verst.   15

D'Ouzoun boulak, à travers le mont
Semi-tav, au gué du *Kara-sou*
(eau noire).. 20

17

Cette rivière est peu considérable ; elle vient de la gauche
du chemin , sortant du Semi-
tav , et se perd à droite dans le
step.

Du Kara‑sou au mont *Kogaly-
obaly*.   20

Cette montagne est petite, et
s'étend à 2 verst à droite du
chemin.

Du mont Kogaly‑obaly aux deux
cimes du *Iousaly*   20

Ces cimes sont rondes et assez
hautes. Le chemin passe entre
elles.

Du Iousaly au gué du *Tchegan*. . . .   20

Cette rivière sort du mont
Tchinghiz , coule à l'ouest , et
tombe dans l'Irtyche, vis-à-vis
du fort ou Farpost *Dolon*.

verst.

Du Tchegan à la source *Sonkar*. . . .   20

    On y voit plusieurs petites
montagnes qui s'étendent à droite et à gauche dans le step.

De Sonkar à la source *Kachka bou-*
lak (source chaude).   20

De Kachka boulak aux monts *Taïr*
et *Yaman abraly*.   20

    Ces montagnes sont assez hau-
tes, et larges de 10 verst à l'endroit où on les traverse. Le Taïr
s'étend à 20 verst à l'est, et le
Yaman à 25 à l'ouest.

Du Taïr et de l'Yaman abraly jusqu'à
la haute montagne de *Timirtchi*. .   20

    Elle est située à la gauche
du chemin, a 10 verst de
largeur, et s'étend à 50 dans
le step.

Du Timirtchi au gué de la petite ri-
vière *Kazan-kap*   20

Du Kazan-kap au mont *Kyzyl araï.*   10

    Il est très haut, et s'étend à
40 verst à droite et à 30 à gauche du chemin ; sa largeur est
de 20 verst.

    On passe le Kyzyl araï, et on
va au gué du *Yanghi-ychkou.*   20

    Cette rivière vient du mont
Kyzyl araï et tombe à gauche
du chemin dans le *Tokrav.*

Du Yanghi-ychkou au gué du *Tok-
rav.*   10

    La rivière vient de la droite,
sur une distance de 150 verst du
campement *Karkarala*, et se
perd à gauche dans le step. Le
chemin qui conduit à Tachkend
se réunit à ce gué à un autre

verst.

qui vient en droiture de *Tchou-*
goutchak (ou *Tarbagatai*).

Du Tokrav à la cime haute et ronde
du mont *Yalpak kaïn*, qui est
tout près du chemin à gauche, et
a environ un verst de circonfé-
rence.   20

Du Yalpak kaïn à la seconde ri-
vière *Yabintchi*.   15

Elle est très petite et se perd
dans le step. A la droite du chemin et sur ses bords est le
mont *Altyn sandyk* peu élevé,
qui occupe un circuit de 20
verst.

Du second Yabintchi au mont *Ak-*
tcha-tau.   10

Il est haut et situé à droite
du chemin ; sa largeur est de
20 verst ; il s'étend à 100 verst

dans le step, jusqu'aux trois rivières *Nory*.

De l'Aktcha-tau au passage de la
haute montagne *Kiïk baï Kiesken
naïza*...................... 20

    Cette montagne a là 15 verst de
largeur et s'étend à droite à 30 et
à gauche à 10 verst dans le step.

Du Kiïk baï Kiesken naïza à la source
Tal-boulak (des saules de sable).. 15

De Tal-boulak à la rivière *Tchoumèk*,
qui se perd dans le step........ 20

Du Tchoumèk à la haute cime *Bopy*,
située à gauche du chemin et
ayant 100 verst de circuit...... 20

Du Bopy à la petite rivière *Moyounty*, qui se perd dans le step..... 8

Du Moyounty au mont *Tesken terek*. 15

    A l'endroit où on le passe, il

a 10 verst de large et s'étend à
25 à gauche et à 30 à droite du
chemin.

Du Tesken terek à la source *Taïyat-*
kan Tchounak, entourée de bouleaux assez hauts.............. 15

    D'ici le chemin tourne plus
au sud.

De Taïyatkan tchounak au gué de la
petite rivière *Douvantchi*, qui se
perd dans le step............. 20

Du Douvantchi à la très petite montagne *Koïlybaï boulat*......... 20

Du Koïlybaï boulat à la source *Aï-*
na-boulak.................. 10

D'Aïna-boulak au mont *Irenètyï*... 40

    Au lieu du passage, ce mont
a 10 verst de largeur, et il s'é-
tend à 15 verst à droite et à 80 à
gauche.

verst.

Du col de l'Irenètyï à la source *Iar-*
tach 10

    Ici commence le step sans
pâturages. L'eau de la source
est amère.

Du Iar-tach à la source *Kok yroum.* 20

De Kok yroum à la source *Tauch*
boulak 20

Du Tauch boulak à la source *Tche-*
ganak 40

    A une distance de 8 verst à
gauche du chemin coule la rivière *Tchoui.*

Du *Tcheganak* au gué appelé *Ky-*
zyl yaïma du Tchoui 15

    Cette rivière , assez large ,
vient de l'orient et des monts
Ala-tau , et tombe dans le lac
Aral. (C'est une erreur, le
Tchoui n'atteint pas l'Aral,

(265)

mais se perd dans le lac *Kaban koulak*). Le Tchoui est à la gauche du chemin et forme la frontière du territoire de *Koand*.

Un chemin conduit ici tout droit à la ville de Tuskestân en six journées.

Du gué Kyzyl yaïma au *second* ou *petit Tchoui*, qui se jette dans le grand *Tchoui*............ 15

Du second Tchoui au marais *Touma*. 15

Il est petit et rond; à gauche du chemin et a 2 verst de circuit.

Du Touma au lac *Tchegank Karakoul*.... 40

Ce lac est à gauche du chemin, a 60 verst de largeur,

et s'étend à l'est sur une longueur
de 150 verst. Au milieu sont
plusieurs petites îles. (Ce lac
est, à ce qu'il paraît, figuré sur
la carte de Pansner comme formé de plusieurs petits lacs, nommés Kara-koul et situés par 44°
lat. et 71°long.)

Du Tcheganak Kara-koul à la source
Klyï.   15

Du Klyï à *Tchoulak kourgan*.   20

C'est la première forteresse
du territoire de Kokand ; elle
est petite et n'a que 100 habitans.

De Tchoulak kourgan au *Kara-tau*
(mont noir).   20

(C'est la haute chaîne de montagnes située au nord de la ville
de Turkestan).

On passe le **Kara-tau** et on va jusqu'à
la source *Ming-boulak*......... 20

  La chaîne du Kara-tau s'étend
très loin à l'ouest jusqu'au fleuve
Syr ; à gauche du chemin elle
finit à 15 verst. (*Ming boulak* signifie les mille sources);
sur la carte de Pansner le Ming
boulak est représenté comme
une rivière qui prend sa source
au Kara tau , coule au sud-ouest,
et tombe dans le lac *Tchaldy.*)

Du Ming boulak à la petite rivière
Araslan.................. 20

  Les monts *Ala-tau* restent à
50 verst à gauche. (L'*Araslan*
paraît être l'*Araslakly* de la
carte de Pansner, où il est représenté comme se jetant dans
le *Syr-daria* à droite).

verst.

De l'Araslan à la rivière *Tchayan*..   15

Du Tchayan à la rivière *Bougoun*..   15

     (Sur la carte de Pansner *Ba-*
     goun-tchayan ou *Talach*).

Du Bougoun à la rivière *Arych*.   20
     (Elle est indiquée sur la carte
     de Pansner).

De l'Arych à la rivière *Yanghichka*   10

De la Yanghichka à la rivière *Badan*.   20

    Ces cinq rivières sont peu
considérables aux endroits où
on les passe; elles viennent de
la gauche et des monts Ala-tau ,
et se perdent à droite dans le
step. (La carte de M. Pansner
donne au *Badam* le nom de
Bazam; il reçoit l'Arych et se
jette dans le Batych, qui de même que le *Bougoun* se joint au
Syrdania).

(269)

verst.

On suit le cours du Badam jusqu'à
la ville de *Tchengend*.......... 20
Elle n'est pas grande, n'a que
200 maisons et 700 habitans.
Les monts Ala-tau restent à 30
verst à l'est de Tchengend.
De Tchengend à la source *Ad-bou-*
lak...... 20
Cinq verst à gauche du che-
min est le *Kazy kourt*, haute
montagne qui finit à l'Ala-tau.
De l'Ad boulak à la *Yanghich-*
ka...................... 10
De l'Yanghichka au gué du *Kalès*.. 10
Cette rivière est assez consi-
dérable, elle vient des monts
Ala - tau. (Sur la carte de
Pansner, *Keles* ou *Arych*.)
Du Kalès à la source *Ak-yar* (bord
blanc).................. 20

verst.

Le Kalès est à 2 verst à droite.

De l'Ak-yar au mont *Kanrag*. . .   15

Il est petit et situé à droite du chemin. La rivière Kalès est à droite, tout près du chemin.

Du Kanrag à la ville de *Tachkend*. .   15

Elle est grande, mais irrégulièrement bâtie; les rues sont étroites, et sa circonférence peut être de 30 verst. On y compte 15,000 maisons, à peu près 100,000 habitans et 320 mosquées. C'est la résidence d'un *Kouch-bek* ou gouverneur; elle appartient au khan de Kokand.

TOTAL.   1,003

IV. *Route de Tachkend à Kokand,*
5 journées au sud.

verst.

De Tachkend au gué du *Tchirtchik*.   12

 Cette rivière vient de l'Ala-
tau et tombe dans le *Syr*. (Sur
la carte de Pansner *Tcherdyk*,
Tchiderik et *Tchirtchik*).

Du Tchirtchik au village de *Tléou*. .   40

 Il est assez grand et situé sur
la rivière *Angrau*, qui vient
également de l'Ala-tau et tombe
dans le Syr. (Sur la carte de
Pansner elle est appelée *Kan-*
gara).

De Tléou, le long de la rivière Angrau, au mont *Davan*.   25

 La rivière reste à 15 verst à
gauche de ce mont. (*Davan* ne

verst.

paraît pas être un nom-propre,
ce mot désigne tout passage qui
monte au sommet d'une montagne et en descend de l'autre
côté.)

Du passage du mont Davan au vil-
lage *Chaïdan*   25

Ce mont a, au passage, 5
verst de largeur; il s'étend à 5o
verst à droite et à 5o à gauche
du chemin, où il se réunit à la
chaîne de l'Ala-tau.

De Chaïdan au passage du *Syr*. . . .   15

Ce fleuve est considérable, a
un demi-verst de largeur et traverse les monts Ala-tau.

Du Syr à la ville de *Kokand*.   33

TOTAL. 15o

verst.

La ville est grande, et a environ 15,000 maisons , 100,000 habitans et 300 mosquées. Elle est située sur une petite rivière. C'est la résidence de *Mohammed Alp khan.* Les douze villes principales de l'état de Kokand sont : *Morglang* , *Andydjan* , *Nomangan* , *Ouch* , *Tchouch* , *Tachkend* , *Khodjend* , *Oratupa* , *Turkestán* , *Kanbadam* , *Ispar* et *Iangachahr.*

V. *Route du Tchoui à Turkestán ,*
6 journées à l'ouest.

Du Tchoui et le long de la rive droite de cette rivière jusqu'à la source *Tachout-koul*   30

    Cette source à droite du

18

chemin , est assez éloignée du
Tchoui.

Du Tachout-koul au fort *Souzak* . . 5o
    Il est petit et n'a que 100
    maisons (il est marqué sur
    la carte de M. Pansner).

De Souźak au mont *Kara-tau* 25

Du col du Kara-tau, qu'on passe, à
    la source *Sandyk-achou* 5o

Du Sandyk-achou à *Turkestán* 20
                        ———

          TOTAL 175

VI. *Route de Sémipolatinsk à Kouldja ,
25 journées à l'est (sud-est).*

De Sémipolatinsk à la colline
    Maya-tach 100
    Je n'ai pas mentionné toutes
    les petites sources où les cara-

vanes s'arrêtent pour donner à
manger aux animaux et pour y
passer la nuit.

Du Maya-tach au *Balykte-koul* (le
lac poissonneux)............. 25

Du Balykte-koul à la source *Djarma*........................ 25

Du Djarma aux deux montagnes
Kandegataï et *Aldjan*........ 25

Elles sont assez hautes et s'é-
tendent très loin dans le step.
L'Aldjan est à 2 verst à droite
du chemin ; et le Kandegataï à
une pareille distance à gauche.

Du Kandegataï au lac *Sawande
koul*...................... 25

Il est situé à gauche du chemin, a 1 verst de largeur et 2

de longueur. A côté est la haute
cime *Kouch-mouroun* (bec d'oi-
seau, indiquée sur la carte de
Pansner).

Du Sawande koul à la cime *Biyach-*
mas   25

    Elle reste à droite du chemin
et est assez élevée.

Du Biyachmas au gué de la rivière
Ayagous   25
    (Voyez plus haut, page 239.)

De l'Ayagous au gué de l'*Oulan-koul*
(rivière rouge).   35

De l'Oulan-koul au mont *Kotel*. . . .   15

    Il est assez haut, et reste à
2 verst à droite du chemin; il
se réunit à la chaîne du *Tarba-*
gataï.

verst.

Du Kotel au gué de la rivière *Ou-roundjar* 4o

    (Sur la carte de Pansner *Ourdjar.*)

De l'Ouroundjar au gué de la rivière *Khotan-sou*   25

    (Mieux nommée *Khatyn-sou*, sur la carte de Pansner.)

Du Khotan-sou au gué de la rivière *Emyl* 3o

    Ici le chemin qui conduit de *Tchougoutchak* à *Kouldja* se joint à la route. (L'*Emyl* est nommé *Imily* sur la carte de Pansner.)

De l'Emyl au lac *Ala-koul* 6o

    Il est à droite du chemin; a 5o verst de largeur et 1oo de l'ouest à l'est. Au milieu est une

cime très élevée, appelée *Aral-
tubé*. (Voyez plus haut, pages
99 et 120.)

De l'*Ala-koul* au lac *Ialanach-koul*.   20
 Il reste à droite du chemin,
et a 8 verst de longueur sur 2 de
largeur. (Ce lac est marqué
sur les cartes chinoises et mandchoues, au sud-est et à peu
de distance de l'*Ala-koul*,
ou *Alak-tougoul-noor;* il y
porte le nom mongol d'*Ebil-
ghisoun noor*. *Ialanach-koul*
est un nom kirghiz ou turc ; car,
dans cet idiome, *koul* signifie
lac.)

Du Ialanach-koul au corps-de-
garde chinois....   35
 A droite du chemin est le

mont *Kantygai*, qui s'étend
fort loin dans le step. (Le *Kan-*
tygaï paraît être le *Sou da-*
bahn des cartes chinoises, qui
sépare les affluens du bord
méridional du lac Ala-koul des
petites rivières qui coulent au
sud et se jettent dans le *Boro*
tala.)

Du corps-de-garde chinois au gué
de la rivière *Boura tara*, où de-
meurent des Kalmuks. (*Boura*
tara est une erreur, pour *Boro-*
tala, c'est-à-dire plaine grise.
Voyez page 20, note 2.)   25

Du Boura tara au mont *Kandjega*.   20

Il est assez élevé, a 10 verst
de largeur à l'endroit où on
le traverse, et s'étend très loin à

gauche et à droite dans le step.
(Ce mont porte sur les cartes
chinoises un nom mongol *Gan-*
djougan dabahn.)

Du Kandjega au lac *Sairam koul* . .   25
    Ce lac est à droite du chemin ,
a 60 verst de long et 20 de large. (*Sairam koul* signifie lac
de la Concorde ; il est appelé
sur les cartes mandchoues
Sairim noor, et se trouve également indiqué sur la carte de
M. Pansner.)

Du Saïram koul au mont *Talkhi* . . .   15
    Ce mont est assez haut ; il s'é-
tend à gauche et à droite du
chemin, et a 20 verst de largeur à l'endroit où on le traverse. (Sur les cartes chinoises

Talki o ola ; au nord on y voit
le corps-de-garde de *Talki ,* qui
est aussi indiqué chez M. Pansner.)

Du Talki à la douane chinoise de
Sar boulak (chez Pansner mieux
Sary boulak , source jaune)..... 35

De Sar boulak à *Kachimir kouré*
(chez Pansner *Kachmir*)...... 20

    C'est la même ville qui porte
sur les cartes chinoises le nom
de *Soui ting tchhing ;* elle est
située sur le *Talki* ou *Sary
boulak ,* rivière qui se réunit
au *Bainda.*)

De Kachimir kouré à *Kouldja....* 15
                    —————
          Total........ 665

    La ville est passablement
grande , a 20,000 habitans et

3,000 maisons. Elle est située
sur l'*Ilè* (Ili); c'est la résidence
du *Djanjoum* (Tsiang kiun)
ou général chinois. (Le nom
chinois de *Kouldja* ou *Ili* est
Hoei yuan tchhing.)

C'est par erreur qu'on
donne le nom de *Kouldja* à cette
ville. C'est une ancienne ville
chinoise, et les Chinois l'appellent *Koura*. (Ceci est aussi une
erreur : *Koura* ou *Kourè* signifie en mongol campement
du khan.) La ville de *Kouldja*,
qui appartenait autrefois à l'é-
tat de Kachkhar, est à 35 verst
à l'est de Koura, elle est petite et
n'a que 1,000 habitans et 150
maisons. L'Ilè coule à 5 verst
à gauche de Kouldja.

Les villes de *Kachkhar*, *Yar-kend*, *Khoten*, *Ak-sou*, *Koutché*, *Kouldja*, *Kouné* (*Tourpan* ou le *Vieux Tourfan* de nos cartes) et *Ouch tourpan* retombèrent, il y a quatre-vingt-sept ans, sous la domination chinoise. Elles appartenaient auparavant au khan de Kachkhar *Aï kodja*, dont le descendant *Djianghir kodja* faisait, en 1826, la guerre aux Chinois. Il fut battu par ceux-ci au mois de mars 1827, et conduit prisonnier à Peking. On ne sait pas s'il vit encore. (Il y fut coupé en morceaux comme rebelle.) (1)

(1) On trouve une description détaillée d'une

VII. *Route du fleuve Ilè à la ville d'Ouch tourpan*, 5 *journées à gauche.*

verst.

Du fleuve Ilè (Ili) à la cime *Pias-ly* (des ognons) (1)............ 40

    Cette montagne, haute et ronde, est à gauche et tout près du chemin.

Du Piasly au passage de la montagne *Toura aïgour*........... 35

    Elle a ici un verst de largeur, et s'étend très loin à droite et à gauche du chemin.

---

partie de cette route à Kouldja dans mon *Magasin Asiatique*, t. I, p. 172 et suiv.   Kl.

(1) Il faut noter que ce routier ne part pas de Kouldja, mais d'un lieu situé beaucoup plus bas sur l'Ilè.

verst.

Du Toura aïgour à la source *Utch
Merké* (les trois Merké)...... 35
(Sur les cartes chinoises ,
cette source est nommée *Berké*
et se jette dans le *Tcharin* , affluent de gauche de l'Ili.) On
y voit , près du chemin , trois
petites collines.

D'Utch Merké à la source *San tach.* 55
(*San tach,* le rocher San , en
kirghiz , s'appelle en mongol
San tach obo ou la colline du rocher San ; c'est sous ce nom qu'il
se trouve indiqué sur les cartes
chinoises , à la source du *Modo-
ton boulak*, affluent du *Toub*
qui se jette dans le lac *Issi koul.*
La route passe devant un
corps-de-garde chinois du même

nom, situé au sud-est de la colline, à la source du *Gourbandjer-
ghi*, qui, avec le *Kharkira*,
forme le *Tcharin*.) Ici commencent les monts Ala-tau; ils ont 20
verst à l'endroit où on les traverse, et s'étendent très loin à
droite et à gauche du chemin.

Du San tach, par les monts Ala-tau,
au gué de la rivière *Toub*, qui
n'est pas très considérable...... 40
 (Le Toub coule de l'est à
l'ouest et tombe dans le coin
nord-est du lac *Issi-koul*.)

Du Toub au lac *Issi-koul*........ 25
 Ce lac est à droite du chemin ; il a 50 verst de largeur et
180 de longueur. (Voyez page
51, note 1.)

Le long de l'Issi-koul au mont
Dungoroma.   45

Il a 5 verst de largeur à l'endroit où on le traverse, et s'é-
tend à droite et à gauche. Ici on
quitte le lac, qui reste à droite
du chemin. (C'est vraisemblablement la même montagne qui,
sur les cartes mandchoues,
porte le nom mongol de *Dzoo-
kha dabahn.*)

Du Dungoroma au mont *Sankou.* . .   20

Il est assez haut ; a 10 verst
de largeur au passage, et s'é-
tend à droite et à gauche dans
le step.

De Sankou à la caverne du rocher
Oungour-tach.   50
D'Oungour-tach au mont *Kilip taï-*

verst.

gak, qui reste à droite du chemin
et est assez haut........   25

Du *Kilip taïgak* au mont *Bedel
dovan*.....................   30

    Il est élevé et s'étend à droite
du chemin, puis au loin dans
le step.

Du Bedel dovan à la petite rivière
Taldy..................,...........   20

Du Taldy au corps-de-garde chinois.   25

De ce corps-de-garde à *Ouch tourpan*...............   25

                             TOTAL........   470

    La ville n'est pas grande, a
600 habitans et est située sur la
rivière *Yourgalan*.

    Outre *Outch tourpan*, il y a
encore *Kouné Tourpan* ou le

Vieux Tourpan (c'est la célèbre ville de *Tourfan* indiquée sur nos cartes); à 40 journées à l'est de Kouldja. C'est une ancienne ville chinoise.

VIII. *De la ville d'Ouch Tourpan à Ak-sou*, 3 *journées à l'est.*

D'Ouch Tourpan au mont *Atché tau* 20
De l'Atché tau au gué de la rivière *Tauchkhan* (le lièvre) 10
Du Tauchkhan au gué de la petite rivière *Komaryk* 25
Du Komaryk à la ville d'*Ak-sou* . . . 25

La ville est grande et située sur la rivière *Yangou ;* elle a 6000 habitans et 1000 maisons.

TOTAL 80

IX. D'*Ak-sou* à *Kachkhar*, 15 *journées*
au sud-(ou *est*.)

verst.

D'Ak-sou au village *Kalender khanah*, traversé par la rivière *Komaryk*......................... 20

De Kalender khanah à la petite forteresse d'*Aï-koul*............. 20

D'Aï-koul à la petite ville d'*Iangaryk*....................... 20

De Iangaryk au village *Bych-kotouk*....... 20

De Bych-kotouk au village *Otous
kimé*........ 20

D'Otous kimé au village *Yerendé*. 20

De Yerendé au fort de *Tchai chirin*
(rivière douce). 20

Il est peu considérable.

verst.

De Tchaï-chirin au petit fort de
Kouk-tchoul (plaine bleue).   20

De Kouk - tchoul au village de
Baïtchouk.   20

    Il est situé sur un petit lac qui
    reste à droite du chemin.

De Baïtchouk au village Maral bachi
(tête de cerf).   20

    A droite du chemin coule le
    Kezyl daria (fleuve rouge).

De Maral bachi au village Kezyl
daria.   20

    La rivière de ce nom coule à
    droite du chemin.

De Kezyl daria , le long de la rivière, jusqu'au village Boston to-
garak.   30

    Ici le Kezyl daria s'éloigne
    beaucoup de la droite du che-
    min.

verst.

De Boston togarak au petit fort de
    Iangabad..   80

De Iangabad à la petite ville de *Faiz-*
    abad.   20

De Faiz-abad au fort de *Chaptoul*
    (Pêche).   10

        Il est petit et situé sur le bord
du Kezyl daria.

De Chaptoul à la ville de *Kachkhar.*   40
                         —————

                  TOTAL.   400

X. *Route de Sémipolatinsk à Tchougou-*
    tchak, douze journées au sud-(est).

Du Sémipolatinsk au lac *Karawan-*
    koul.   40

        Il est à droite du chemin, a
un verst de longueur et un demi
de largeur.

(293)

Du Karawan-koul au gué de la rivière *Tchar-kourban*........... 15

Elle vient du mont Kalby, à
droite du chemin , et tombe à
gauche dans l'Irtyche, vis-à-vis
du village de *Choulba*.

Deux verst à gauche du chemin est la haute cime ronde appelée *Soloutchakot*; 6 verst plus
loin , et sur le chemin , finit
la haute montagne *Telbegeteï*,
qui a 6 verst de largeur et s'é-
tend à 15 verst à l'est.

Du Tchar-kourban qui coule non
loin du chemin à droite , jusqu'au
second gué où on le passe....... 70

Ici commence le mont *Kolba*
qui s'étend 30 verst à gauche et
à droite très loin dans le step.

verst.

Du Tchar-kourban jusqu'à l'autre
côté du mont *Kolba*........... 30

 A 6 verst plus loin, tout
près et à gauche du chemin est
une colline très haute et ronde
appelée *Talagaï*. A droite du
chemin est le haut *Karadjal*,
montagne de 5 verst de longueur et de 2 verst de largeur.

Du Kolba au gué de la rivière *Bougan Tchighelyk*, qui reste à droite
du chemin........ 20

 (Sur la carte de Pansner,
Tchegydyk).

Du Bougan Tchighelyk en longeant
cette rivière au second gué du
Youz-agatch. 25

 Cette rivière se perd à gauche
dans le step. (*Youz-agatch*,

ou les cent arbres, en kirghiz,
paraît ne pas être le nom de
cette rivière, mais celui d'un
lieu situé au sud de son coude
le plus septentrional, qui a
communiqué cette dénomination au corps-de-garde chinois *Gaktchikan modo dabou-*
tou, appelé par les Kirghiz
Youz-agatch ou *Djuz-agatch.*
Elle est nommée *Abdar modo*
gol sur les cartes chinoises, et
sur celle de M. Pansner, *Bou-*
goutchik, *Kokboukhty*, ou
Koupkak.)

Du Youz-agatch au gué du *Bougach.*   4o

    (Sur les cartes chinoises,
Bogassi, chez Pansner, *Bou-*
gas.)

verst.

Du Bougach au gué du *Bazar* (nommé de même sur la carte de
Pansner)................ ...   20

Du Bazar au gué du *Karbouga*
(Pansner : *Karabouga*)......   20
    Ces rivières viennent du
mont *Tarbagataï* et tombent
dans le lac *Dzaïsang-noor*.

Du Karbouga au lac *Kitchkenè-koul*.   25
    Il est situé à gauche, a un
quart de verst de largeur et autant de longueur.

Du Kitchkenè-koul au corps-de-
garde chinois *Khabar karaoul*..   25
    (Sur les cartes chinoises
Kharbakha karaoul.)
    Ici commence le mont *Tar-
bagatai*.

De Khabar karaoul à *Koumirtchy*.   20

verst.

(Sur les cartes chinoises, *Dzimorsek*, chez Pansner, *Koumyrtchy*.)

Ici, les Chinois font du charbon.

De Koumirtchy au corps-de-garde chinois *Bakhta karaoul*........   20

(Sur les cartes chinoises, *Baktou karaoul.*)

De Bakhta karaoul à *Tchougoutchak* (ou *Tarbagataï*)........   17

La ville est fortifiée et peu considérable ; elle est située sur la rivière Khabar, a 5oo maisons et environ 1,ooo habitans. C'est la résidence d'un *amban* ou gouverneur chinois (mandchou).

—————

TOTAL........   387

(Une description détaillée de
cette route , par M. *Poutim-
tsev,* se trouve dans le premier
volume de mon *Magazin asiatique.*)

XI. *De la ville de Koura , mal à propos
nommée Kouldja, à Aksou,* 15 *journées
à l'est (au sud-ouest).*

De Koura au gué de la rivière *Ilè*
    (Ili)...................... ...   15

De l'Ilè au village de *Kaounlouk*
    (des melons , en kirghiz)........   10

De Kaounlouk au mont *Sor davan*.   10
    Il est assez élevé , et large de
    5 verst à l'endroit où on le
    traverse ; il s'étend à droite et à
    gauche dans le step.

verst.

Du Sor davan au village de *Djan-*
djoun tuchkan................. 20

De Djandjoun tuchkan au fort de
Djaipan......... 25

De Djaïpan au corps-de-garde chinois *Dostar bach*.......... . 25

De Dostar bach au village d'*Okarle.* 25

D'Okarle au gué de la rivière *Tekes*
daria....... 15

    (D'après les cartes chinoises,
ce gué est au sud du corps-de-
garde de *Tekes karaoul.*)

Du Tekes daria au corps de-garde
Chatou.... 10
    (Sur les cartes chinoises ,
Chatou saman karaoul.)

De Chatou aux sources chaudes
Arachan..... 15
    (*Arachan* est le nom commun

que les Mongols donnent à toutes les sources minérales.)

De ces sources au corps - de - garde
Khandjilaou....   25

 (Ce corps-de-garde est appelé , sur les cartes chinoises ,
Gaktcha kharkhaï. Voyez la
note , pag. 61.)

De *Khandjilaou* aux monts *Djeparlé*.   20

 Ces monts sont couverts de
neiges et de glaces perpétuelles ;
ils s'étendent très loin à droite
et à gauche , et ont 15 verst de
largeur à l'endroit où on les
passe. On y voit des ruines
d'anciens tombeaux le long du
chemin.

 (C'est le *Moussour dabahn*

verst.

des cartes chinoises. Voyez pag.
60, note 1.)

Cette montagne s'étend à
droite et à gauche du chemin et
a 10 verst de large à l'endroit
où on la traverse.

(Cette montagne de sel est située sur la petite rivière du même nom , écrit aussi *Arbak* , qui se jette dans le lac *Aksa koul*.

Une montagne de sel moins considérable se trouve sur la même rivière, à environ 5 lieues plus bas. Une autre mine de sel gemme, qui passe pour inépuisable , est dans le mont *Massaï tagh* , qui appartient à la chaîne de Moussour ou Thian chan ; elle est à 5 journées d'Ak-sou.

Il y a aussi dans la Dzoungarie une montagne très riche en sel gemme ; elle est située entre les rivières *Karkira el*

verst.

Gheghen. Le Khoung taïdzi fit exploiter cette mine ; mais il ordonna de la combler , parce qu'un jour plusieurs ouvriers y furent ensevelis sous un éboulement.)

De l'Arbad au village *Kyzyl-sou*
(eau rouge)................ 25
De Kyzyl-sou au village *Chelantchi.* 20
De Chelantchi à la ville d'*Ak-sou*... 20
                              ————
    Total.... ... 4oo

Observation finale.

Dans ces routiers les journées sont indiquées de différentes manières , parce que je les ai calculées d'après les moyens de transport employés par les voyageurs.

A cheval , quand on ne porte pas de marchandises , et que l'on ne conduit pas du
bétail , on peut aller beaucoup plus vite
que quand on voyage avec un troupeau ,
et que de plus on fait un commerce d'é-
change perpétuel : dans ce dernier cas, on
vise plutôt au profit qu'à suivre le chemin
le plus droit.

La ville de *Khotan* est à l'est et non pas
à l'ouest de Kachkhar , comme la placent
les anciennes cartes. (Qui en doute? Mais
Pansner place seulement Khotan 3° à l'est
de Kachkhar. A. d. H.)

Les anciennes cartes indiquent à côté
de l'Ala-koul un autre lac plus grand ,
l'*Alak tougoul* , mais aucun des habitans ne connaît l'existence de ce dernier.
C'est vraisemblablement une erreur, et

les auteurs de ces cartes ont voulu représenter l'*Issi koul*, qui cependant est plus
en avant (au sud).

Je n'ai pu me procurer des notions
exactes sur le lac *Tus-koul* (c'est le même
que l'Issi-koul). Cependant il me paraît
que ce lac n'est pas indiqué (sur les
cartes) à la place qu'il occupe en effet ;
car aucun Asiatique ne connaît un lac de
ce nom à l'ouest de Kachkhar (Voyez la
page 5i, note 1).

La frontière chinoise et les villes con-
quises par les Chinois (dans la Petite Boukharie), sont très mal indiquées sur les
anciennes cartes ; il en est de même des
frontières de Kachkhar.

Personne, en Asie, ne connaît le nom

(306)

de *Turkestán chinois* (c'est une dénomination dont se sert M. Timkovski).

Sémipolatinsk , 30 août (vieux style) ,
1829.

ANTOINE DE KLOSTERMANN.

FIN DU TOME PREMIER.

ERRATA

———

P. 8, l. 16, actions, *lisez* : directions.

P. 27, l. 8, pays, *lisez* : plateau.

P. 28, l. 19 et ailleurs, Lebedours, *lisez* : Ledebour.

P. 32, l. 13, Mont aux Serpens, *lisez* : Schlangen-
berg.

P. 35, l. 20, après Koksoun, *lisez* : peut être.

P. 40, l. 5, après diabases, *lisez* : ou diorites
(grünstein) avec pyroxènes et amphiboles, des
porphyres.

P. 47, l. 17, après rappellent, *ajoutez* : étymologi-
quement.

P. 65, l. 17, *lisez* : 39° 25′.

   l. 18, *lisez* : 42° 49′).

P. 71, l. 1, *lisez* : au Tubet) et Ladak ; elle sépare
le nœud de montagnes de Khoukhou - noor du
Tubet oriental et de la contrée.

P. 73, l. 10, *lisez* : sépare le plateau du Tubet de
ceux du Kachemir, du Népal et du Boutan.

P. 76, l. 18, vallées, *lisez* : plaines.

P. 78, l. 7, un abaissement, *lisez* : deux inclinai-
sons opposées, l'axe du plateau se trouvant.

P. 78, l. 11, instans, *lisez* : heures.

P. 79, l. 13, *lisez* : et court.

(308)

P. 87 , l. 16 , *lisez :* situé 2° à l'est de.

P. 89 , l. 17 , de l'élévation , *lisez :* du soulèvement.

P. 90 , l. 3 , un débris saillant , *lisez :* une branche latérale.

P. 90 , l. 9 , *ajoutez après* filon : (de leur ramification dans des amas).

P. 91 , l. 5 , à l'est , *lisez :* au sud.

     l. 7 , *supprimez :* au sud.

P. 96 , l. 1 , dans , *lisez :* depuis.

     l. 6 , *lisez :* Manasarô-vara.

     l. 17 , *lisez :* ce dernier espace.

P. 97 , l. 7 , est , *lisez :* au nord est.

     l. 17 , du , *lisez :* de.

P. 100 , l. 4 , *lisez :* ce qui déterminerait au moins le minimum de la hauteur de cette montagne.

P. 100 , l. 5 , peut-être , *lisez :* vraisemblablement.

P. 110 , l. 12 , aussi , *lisez :* donc.

P. 111 , l. 1 , *lisez :* 375.

P. 112 , l. 6 , *lisez :* 27.

P. 116 , l. 13 ; p. 119 , l. 14 et 17 ; p, 120 , l. 11 ; p. 121 , l. 6 et 11 ; p. 123 , l. 1 et 14 , *lisez :* lieues géographiques.

P. 128 , l. 5 , Seïban de l'Ararat , *lisez :* le Seïban Dagh (près du Lac Wan), couvert de laves vitreuses comme l'Ararat.

P. 130 , l. 13 et 14 , *lisez :* melaphyre.

(309)

P. 133 , l. 10 ; p. 137 , l. 2 , à couches horizontales ,
lisez : secondaires.

P. 134 , l. 19 , *ajoutez :* p. 251.

P. 136 , l. 8 , phénomènes , *lisez :* oscillations.

P. 137 , l. 7 , gaz, *lisez :* d'hydrogène sulfuré.

    l. 12 , amphibole, *lisez :* diorite.

P. 139 , l. 18 , *lisez :* d'un demi-million.

P. 143 , l. 11 , *lisez :* où différens bassins paraissent
comme fermés par des chaînons qui s'entrelacent
et se croisent en forme de gril.

P. 144 , l. 15 , Ténériffe , *lisez :* Tolima.

P. 147 , l. 16 , *lisez :* (Bogota 1365 toises).

P. 148 , l. 9 , *lisez :* 22 lieues géographiques.

    l. 17 , *lisez :* 76° 34′ 8″.

P. 151 , l. 16 , *lisez :* de M. Boussingault.

P. 153 , l. 12 , *lisez :* 2865 toises.

P. 155 , l. 6 , soufre , *lisez :* d'acide sulfurique.

    l. 11 , *lisez :* lieues de 25 au degré.

P. 156 , l. 8 , *lisez :* 1° 46′ ou de 27 lieues géogr.

    l. 18 , *lisez :* Carthago.

P. 174 , l. 14 , *lisez :* calcaire coquillier (muschel-
kalk de Werner).

P. 176 , l. 17 , *lisez :* 22°,8.

P. 182 , l. 16 , natron, *lisez :* sulfate de soude.

P. 212 , l. 11 , *lisez : Dimocarpus litchi* ou *Euphoria
punicea Lam.*

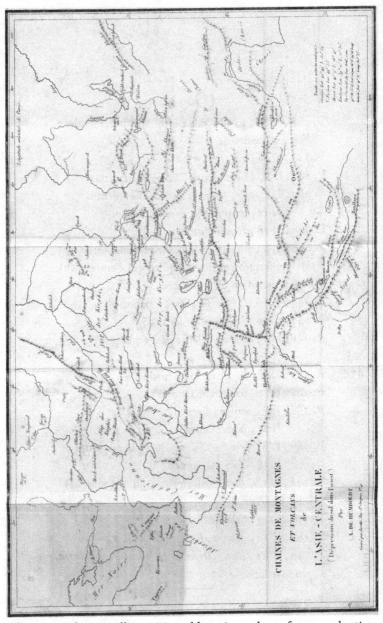

CHAINES DE MONTAGNES
ET VOLCANS
de
L'ASIE - CENTRALE.
(Dépression du sol dans l'ouest.)
Par
A. DE HUMBOLDT.

The material originally positioned here is too large for reproduction in this reissue. A PDF can be downloaded from the web address given on page iv of this book, by clicking on 'Resources Available'.

Printed in the United States
By Bookmasters